手工皮夹

基础

HAND SEWING
LEATHER WALLET

〔日〕高桥创新出版工房◎编著

胡　环◎译

北京科学技术出版社

封面摄影：二见勇治

目录

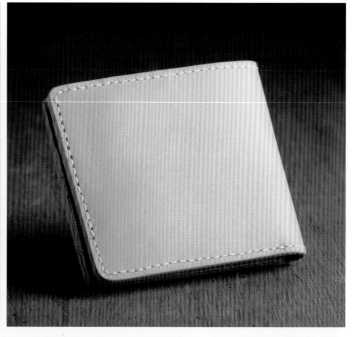

"沙漠之夜"两折短夹　第36页
扭扭手工俱乐部
（"niw+niw" club）

扭扭手工俱乐部推荐的这款对折皮夹，外观简单大气。打开皮夹可以看到，卡位分列左右两侧，同时充分保证了纸币位的收纳空间，实用性强。皮革的正面（粒面）和背面（肉面）相互呼应是这款皮夹最大的亮点。

蟒皮装饰的两折长夹　第54页
皮艺之心工房
（LEATHERWORKS HEART）

这是一款由皮艺之心工房精心创作的高品质作品，兼具美观性与实用性。这款皮夹以黑色为基调，以钻石蟒皮为点缀，精美华丽，能给人带来强烈的视觉冲击。内部零钱袋、纸币位、卡位齐全，收纳能力不容置疑。

本书挑选的 6 款风格迥异的皮夹均是匠人们用心打造的精品。每一款都有自身独特的亮点，而且都非常实用。无论你选择做哪一款，最终的作品都绝对是魅力之作。

全皮插扣两折长夹　　第76页
无限极手工皮艺工房（GRAND ZERO）
无限极手工皮艺工房以制作粗狂机车风格的皮夹享誉业界。本款皮夹采用了优质原色滑革，最醒目之处为无限极手工皮艺工房的原创插扣——"零金属插扣"，而且主体部分采用了曲线设计，魅力无处不在。

手工染色的三折短夹　　第100页
帕帕王皮具工房（PAPA-KING）
帕帕王皮具工房推介的这款三折皮夹创意十足，设计时尚，外形富有寓意。表层皮革的颜色由手工精心染制，考究的外观带有一种市面上的染色皮革所没有的韵味。这款皮夹还注重内部的功能性，实用性强。

硬币扣装饰的两折长夹 第126页
驼琉松工房（TaRuMa-Tsu）

驼琉松工房精心打造了这款长皮夹，其简单时尚的设计引人注目，中央的硬币扣和边角的装饰让它看起来雅致、大气。打开皮夹可以看到，每一个部件的前端都有一条装饰性边槽，富有设计感；弯折的部位没有缝线，能有效防止磨损和绽裂。

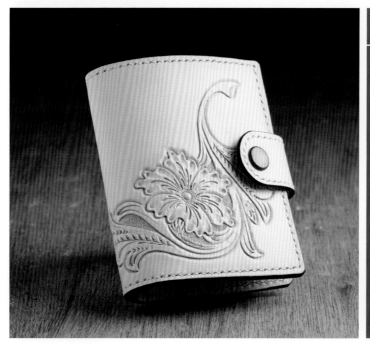

精美的两折皮雕短夹 第150页
皮艺坊（Atelier Leather N）

这是一款由皮艺坊打造的兼具艺术性和实用性的魅力之作。高档的滑革皮料和奢华的雕花工艺是这款短皮夹的亮点。这款皮夹的收纳能力也不容小觑，里面卡位充足，带有超大容量的零钱袋，开合方便。

基础篇：
皮革、工具及
制作流程

本篇主要介绍手工皮艺的基础知识。以原料皮革为例，皮革有许多种，一块皮革由不同的部位组成，每个部位有各自的名称。另外，皮具制作需要使用的工具和配件亦名目繁多。掌握了这些必要的入门知识，实际制作时你必定能取得成功。

皮革基础知识

本章将对适合用来做皮具的皮革进行介绍。只有提前了解皮革的种类、组成部位的名称以及尺寸等内容，选购皮革时才不会茫然失措。

鞣制——从皮到革的过程

从动物胴体上剥下来的毛皮（skin）是不能直接用来制作皮具的，必须经过鞣制加工成革（leather）。鞣制方法主要分为两种：一种是以从植物中萃取的丹宁酸为鞣剂的"植鞣法"，这是一种历史悠久的传统制革方法；另一种则叫作"铬鞣法"，是以三价铬盐为鞣剂鞣制皮革的方法。近年来，人们开始将两种方法结合起来鞣制皮革，以充分发挥它们的长处，这种方法叫作"结合鞣法"或"混合鞣法"。

组成部位和纤维走向

各部位的纤维走向

一张皮革由不同的部位组成，不同部位的纤维走向不尽相同。

图①展示的是半开皮，包括头部、肩部、背部和腹部等，每个部位的纤维走向不尽相同。这个特点直接关系到皮革的下料和裁切，务必牢记。

图②展示的是半背革，它也叫半皮心，俗称三边直，是半开皮去掉头部、肩部、下腹部和四肢后剩余的部分。

动物皮鞣制成革后，通常要沿着脊柱的位置一分为二，裁切后得到的就是半开皮。因为整张皮太大，使用起来不太方便，所以销售的一般都是半开皮。

这就是半背革，在所有部位中皮层最厚、性能最佳。半背革纤维紧密，主要用来制作对耐磨性要求较高的皮革制品，如皮带等。

计量及保存

平方英尺——皮革的计量单位

在我国，人们售卖皮革时通常以平方英尺（ft^2）为计量单位，一块 30cm×30cm 的正方形皮革大小为 $1ft^2$。一块半开皮的大小一般为 25~30ft^2。大家可以根据自己想制作的皮具的大小，参考以上数据来购买皮革。

皮革怕潮湿，如果保存不当可能会生霉斑。另外，皮革极易划伤，因此保存和制作皮具时一定要小心。

皮革的计量

一块 30cm×30cm 的正方形皮革大小为 $1ft^2$。一块半开皮的大小一般为 25~30ft^2。

皮革的保存

皮革须保存在通风干燥处。此外，还要注意不要让手指甲等尖锐物划伤皮革表面。

基本术语

牢记术语！

我们通常把皮革的正面，即光滑的一面叫作"粒面"，把背面，也就是布满毛纤维的一面叫作"肉面"。皮革裁切后的横断面叫作"裁切面"，裁切面的上下边缘叫作"裁切边"。

术语

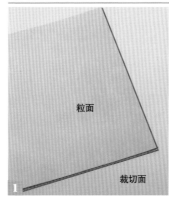

1 将两块皮革相对缝合后要用化学处理剂对皮革的裁切面进行打磨处理，这样可以让裁切面摸起来更平滑。2 皮革的肉面也要用化学处理剂进行处理。处理后，毛糙的状况得到了改善，肉面有了光泽。

种类

手工制作皮具常用的皮革

手工制作皮具可以使用各种各样的皮革，其中最常用的有牛皮、马皮、羊皮和鹿皮。以牛皮为例，即便都是牛皮，如果牛的性别、年龄不同，其质量也会有差异，具体叫法也不同。从处理工艺的角度来说，手工制作皮具最常使用的是只经植物丹宁鞣制、不进行任何涂饰的原色革，即滑革。

牛皮

这是经植物丹宁鞣制，未用任何染料和涂饰剂修整过的牛滑革，用它制作的皮具越用越有味道，备受喜爱。

马皮

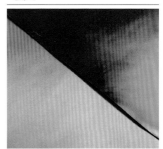

这是马皮，虽然纹理比牛皮的粗糙，但轻薄得多，是制作某些皮具不可替代的原料。

其他皮革

手工制作皮具时，除了可以使用常见的牛皮、马皮、羊皮和鹿皮外，还可以使用其他动物皮革，只不过那些皮革主要用作装饰或者用于制作某些独特的高档皮具。在此挑选一部分做简单介绍，希望能给读者制作原创作品带来灵感和启发。

鲨鱼皮

鲨鱼皮纹理独特，韧性较大，市面上出售的多是染过色的。

大象皮

大象皮坚韧耐磨，表面纹理独一无二，非常珍贵，属于高档皮革。

鳄鱼皮

鳄鱼皮表面粗狂的纹理很抢眼，是制作个性皮具的珍贵原料，以奢华稀有著称。

乌龟皮

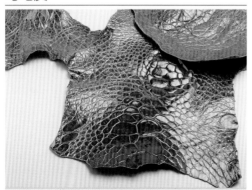

乌龟皮极其珍稀，因《华盛顿公约》的保护和限制，如今市面上流通的乌龟皮都是公约缔结之前的。

珍珠鱼皮

珍珠鱼的鳞片像一粒粒珍珠镶嵌在鱼皮表面，每一块珍珠鱼皮都是独一无二的。珍珠鱼本身不大，所以其鱼皮主要用作小物件的装饰。

连珠珍珠鱼皮

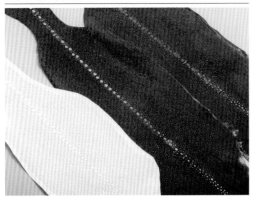

鱼皮背部的珠砂连成一串，打磨后闪闪发亮，会发出珠宝般的光泽，常用作小物件的装饰。

鲤鱼皮

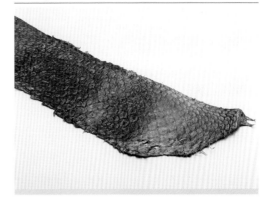

鳞片整齐划一，外观非常漂亮，常用作皮夹的装饰，寓意财运旺盛。

蛇皮

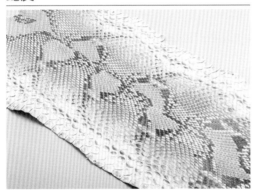

蛇皮种类很多，花纹不尽相同，因此具有较高的人气。图中的是蟒皮，最适合用作装饰。

胎牛皮

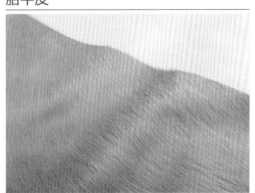

用尚在母体中或者出生不久的小牛的毛皮制成，通常连毛一起贩售。

皮绳

使用方式多样

　　皮革除了可以成块出售外，也可以以皮绳的形式出售。皮绳种类繁多，使用方式和编织方法更是数不胜数。皮绳多用作皮夹的绳带或用作装饰，不过单独使用也能制作出独具创意的作品。在此简略介绍几种皮绳，以供大家参考。

猪绒面革皮绳 / 梦幻皮绳 / 浸油皮绳

１ 猪绒面革皮绳。宽 5mm、长 90cm 的 5 根细绳为一组，颜色多达30 余种，你总能找到心仪的一种。２ 梦幻皮绳。宽 4mm、厚 1.5mm、长 170cm，共有 9 种颜色。３ 浸油皮绳。厚 1.8mm、长 170cm、宽 5~10 mm，由浸透油脂的滑革切割而成，坚韧耐用。

制作工具基础知识

手工制作皮具会用到各种各样的工具，而且每一个步骤都有相应的工具，下面将按照制作流程分别为大家详细介绍。

先购买入门阶段的基本工具

手工制作皮具时，每一步都要用到相应的工具，这些工具包括裁切用的裁皮刀、塑胶板，打孔用的菱錾、间距规，缝合用的针和线，打磨用的修饰剂和研磨器，等等。在入门阶段，很难一下子将所有工具都置办齐全，我们建议先购买入门配套工具，以后再根据需要逐步配备其他工具。

基础处理工具

手工制作皮具时，首先要对选用的皮革进行基础处理。这个阶段会用到可以防止皮革正面（粒面）被弄脏的马油、处理皮革背面（肉面）的床面处理剂以及打磨工具等。当然，有些工具和用品在后续的制作步骤中会再次被用到。

玻璃板
用来打磨皮革肉面，改善毛糙的状况。

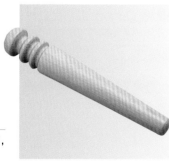

磨边棒
多功能工具，打磨皮革肉面、黏合以及磨边时都会用到。

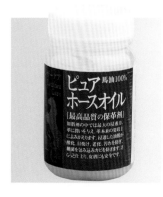

马油
涂抹在皮革粒面，防止手上的油污或者其他污垢弄脏皮革，也可作为皮具的保养剂使用，渗透力非常强。

床面处理剂
用于修整皮革肉面的毛茬，改善毛糙的状况，也可用于修整裁切面，有无色、黑色和棕色三种颜色可选。

裁切工具

在粗裁和精裁皮革时，会用到的工具主要有裁皮刀、美工刀、垫在下面的塑胶板以及裁剪皮革和缝线的剪刀等。

塑胶板

裁切皮革时垫在皮革下的垫板，有不同的种类和大小，可以根据需要自行选择。

裁皮刀

用于皮革的裁切或削薄，在使用过程中需经常打磨以使刀刃保持锋利。

美工刀

裁切皮革的工具。

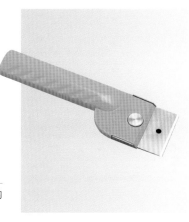

替刃式裁皮刀

优点在于刀刃可以更换，使用者无须磨刀。

剪刀

刀刃坚硬锋利，常用来剪断缝线，也可以用来剪皮革。

削薄器、迷你木刨

用于削薄皮革。

画线和打孔工具

下面将给大家介绍绘制缝合基准线以及打缝孔的相关工具。这类工具比较多样，最好在购买前全部浏览一遍，明确每种工具的特点。

直角尺

绘制缝合基准线、绘制纸型和裁切皮革时必不可少的实用工具。

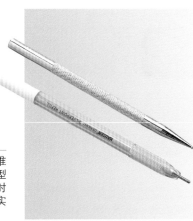

银笔、铁笔

在皮革上画线的工具。直接在皮革表面画线时使用银笔，如果要刻进皮革里，则使用铁笔。

间距规

主要用于测定和绘制缝合基准线。在皮革上面打孔时，也可以用间距规来确定并标出孔位。

挖槽器、多功能挖槽器

用于在皮革上挖沟槽，使缝线在沟槽内均匀延伸，这样缝出的针脚匀称美观、耐磨且不易脏。多功能挖槽器更适合左撇子使用。

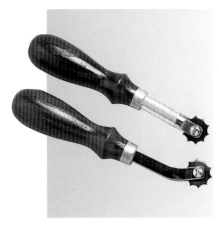

划布轮

轻轻拉动划布轮，可以在皮革上画出清晰的缝合基准线；如果重重按压，则能压出间距相同的孔迹。有四种规格，分别对应齿距为 3~6mm 的菱錾。

替刃式挖槽器

为了便于弯折皮革，通常需要在弯折部位挖出一条浅浅的沟槽，这时就会用到替刃式挖槽器。此款挖槽器还可以替换上旋转刻刀的刀头。

毛毡

打孔或打气眼的时候垫在台座下，可以减小噪声。

橡胶板

打孔或打气眼时垫在皮革下起缓冲作用，可以保护工具，同时防止皮革背面的孔眼变形。有不同的尺寸，可以根据需要灵活选择。

菱錾

用于在皮革表面打出缝孔，从1齿到6齿，有多种规格和型号可选，可以根据需要搭配使用。

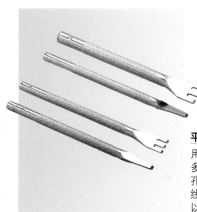

平錾

用皮线缝合时多用平錾来打孔，当然用缝线缝合时也可以用它来打孔。

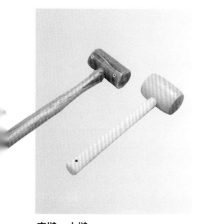

皮槌、木槌

用于敲击菱錾或冲子，打出缝孔或气眼。

橡胶锤

比木槌更容易发力，适合用来敲击菱錾。

一字冲

用于在皮带上面打出一字形圆角孔洞。

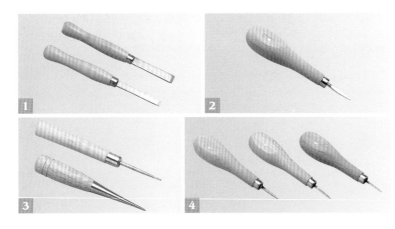

锥子

用来钻孔的工具。锥头形状
多样，用途也不尽相同。
1 扁锥
2 皮线专用锥
3 扩孔锥、圆锥
4 菱锥

黏合工具

缝合之前，需要把各部件黏合起来。这时，需要用到各种各样的黏合剂以及涂抹与压合工具。

上胶片

用于涂抹黏合剂
或床面处理剂。

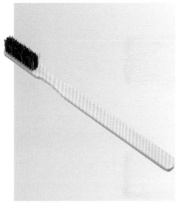

胶水刷

用于将黏合剂刷
均匀。

皮革滚轮

用于压紧、压实黏合的皮革。

黏合剂

种类繁多，最好根据皮革的材质和
用途选择合适的黏合剂。

去胶棒

用于清除皮革上沾染的黏合剂或者
污垢。

缝合工具

将皮具的各部件用黏合剂黏合起来后，就可以用针线进行缝合了。缝线有麻线、尼龙线和牛筋线等许多种类，可以根据皮革的特点和个人喜好灵活选择。

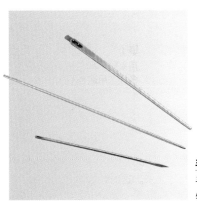

手缝针、皮线针
手工制作皮具时必需的工具。

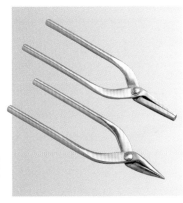

钳子
缝针难以穿过缝孔时，根据具体情况选用各式钳子将针拔出来。

麻线、线蜡
麻线的粗细有3种规格。为了防止起毛和提高结实程度，麻线需上蜡后才能使用。

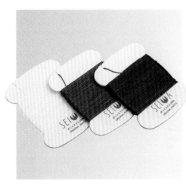

扁蜡线
手工专用的尼龙缝合线。

牛筋线
6色一套的牛筋线，其中呈鹿筋原色的牛筋线最值得推荐。

其他缝线
这些线通常用作缝纫机的机缝线，也可以用于手缝。此外，麻线也有如图中这样成卷出售的。

打磨工具等

一件皮具是否完美很大程度上取决于皮革边缘的打磨程度，打磨时首先要选择合适的工具和化学制剂。

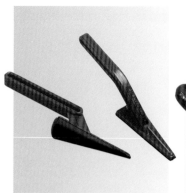

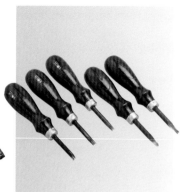

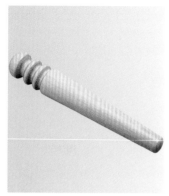

三角研磨器

用来修整皮革的裁切面或者打磨需抹胶粘贴的部位。

削边器

用来修整皮革切割面上下边缘，刀口的形状和大小有多种选择。

磨边棒

打磨边缘的工具，也可用于打磨皮革的肉面。

封边液

用于皮边的染色，可以形成树脂保护膜并产生自然光泽。有黑色和棕色两种颜色可选。

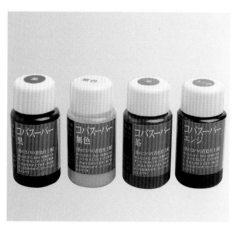

封边油

与封边液相比，更加富有光泽，而且即使浸水也不会褪色。有无色、黑色、棕色、深棕色和深红色等多种颜色可选。

相同皮革的涂饰效果

①涂抹封边油的效果；②浸水打磨后涂抹封边油的效果；③涂刷封边液的效果；④浸水后涂刷封边液的效果；⑤用盐基染料上色后涂抹床面处理剂打磨的效果。

①油皮的边缘浸水后打磨的效果；②用封边油涂饰的效果。

涂饰剂等

下面将为大家介绍手工制作皮具时常用的涂饰剂、染色剂以及清洁剂等。由于不同种类的皮革需要用不同成分的化学制剂，务必谨慎选择。

清洁剂

可以去除皮革上沾染的污垢并起滋润作用。注意，不能用于绒面革和磨绒革。

硬化剂

能够渗透到皮革内部，硬化皮革并起定型的作用。注意，使用时一定要涂抹在皮革肉面。

防水防染液

能在皮革表面形成超级强大的保护膜，防水性强，并且能使皮革富有光泽。

固色封层液

用于染色皮革的固色和封层，不黏腻，耐水和耐磨性能出色。

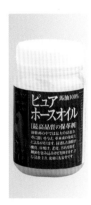

马油

起防止皮革氧化、发霉，保持原有柔软状态的作用。

打蜡剂

是一种高级天然蜜蜡乳液，能够使皮革表面呈现自然的光泽。

保养膏

能渗透到皮革内部，使皮革光亮、柔软、富有弹性并恢复原有的状态。

盐基染料

液态碱性植物染料，共24色，色彩丰富、艳丽，操作简便，着色效果好。

染色效果

直接用毛笔或毛刷将染料均匀涂抹在皮革粒面，就可以上色。

金属配件的安装工具

在皮革上冲孔及安装不同种类的金属配件时要用到配套的安装工具。

万用底座
用于安装不同规格的金属扣。

圆冲
在皮革上打孔的工具，直径从0.9mm（3号）到30mm（100号）不等，规格齐全。

气眼安装工具
包括冲子和底座。

铆钉安装工具
用于安装各种式样和规格的铆钉。

四合扣安装工具
首先要根据四合扣的类型选择配套的安装工具；其次要注意，工具头部的凹凸形状分别对应四合扣的公扣和母扣。

气眼
用于加固皮革上孔洞的边缘，并起装饰作用。直径从5mm到10mm不等。

铆钉
用于固定皮革与皮革或皮革与其他材质的部件，同时起装饰作用。有不同的式样和型号。

四合扣
种类和形状都十分丰富，图中左侧为弹簧四合扣，右侧为O形四合扣。

其他工具

除了上述常用工具外，手工制作皮具时还会用到其他各式各样的工具，比如皮雕专用工具等。另外，这里还要介绍各种基本的工具套装。

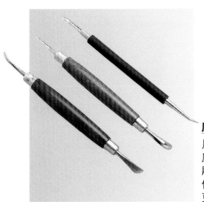

压擦器

用于在皮革上压擦线条和皮雕塑形等，能使图案看起来更加立体。

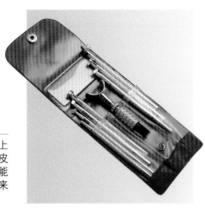

皮雕工具套装

内含 7 种印花工具和一把旋转刻刀。

马蹄钳

用于金属配件的安装、拆卸和切割，也可用于拆除拉链链牙以调节拉链的长度。

手缝工具 7 件套

最适合入门阶段的手缝工具套装，附送手缝指南。

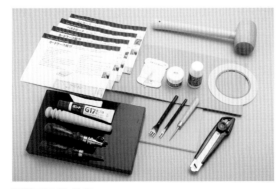

手缝工具 18 件套

包括 16 件手缝基本工具、1 块马鞍革和 4 张纸型。有了这套工具，你马上可以开始皮具制作之旅了。

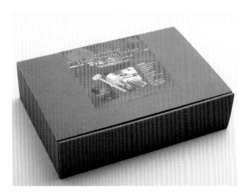

手缝工具 12 件套

包括 2 齿和 4 齿菱錾以及手缝针等 12 件常用工具，附送手缝指南。

基本制作流程

接下来，我们将带领大家制作一款非常简单的零钱包，帮助大家熟悉手工制作皮具的基本流程和常用工具。大家只需准备一块 30cm×15cm 的滑革和一组四合扣即可。

通过制作零钱包掌握手工制作皮具的基本技法

通常，皮夹需具备存放零钱、纸币、信用卡和会员卡等的收纳功能，这决定了皮夹的结构具有一定的复杂性。此外，皮夹的款式也多种多样，既有长款的也有短款的，既有两折的也有三折的。因此，手工制作皮夹的技术难度相对较高。建议初学者从制作简单的零钱包开始，逐步熟悉和掌握手工制作皮具的基本流程和技法。

简约零钱包的制作实践

制作这款零钱包选用的皮料本是一块未经染色的滑革，最终却奇妙地变成了深棕色。在实际制作过程中，大家可以通过控制涂饰剂的涂抹次数来调节颜色，根据自己的喜好，既可以涂饰成非常自然的浅色调，也可以涂饰成富有格调的深棕色。

虽然做的是同一款皮具，最终每个人却能创作出属于自己的独一无二的作品，这就是手工制作皮具的魅力所在。让我们开始制作这款简朴却让人爱不释手的零钱包吧！

准备两块皮革

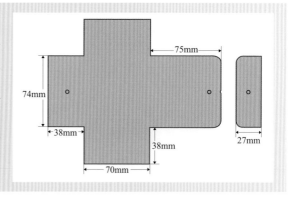

这款零钱包由三部分组成：一块十字形皮革、一块包盖的里衬贴皮和一组四合扣。它组成部件少、缝合距离短，初学者容易掌握它的制作方法。另一方面，这款零钱包的缝合位置多达 5 处，可以让初学者充分练习穿针引线，逐步掌握磨边等手工制作皮具的基本流程和方法，积累手工制作皮具的经验。

制作纸型

制作一件皮具，要从制作纸型开始。建议选用不易弯折变形的厚纸板来制作纸型，这样下料时不易产生误差。

1 使用厚纸板绘制纸型。

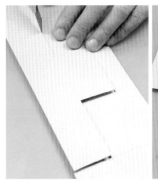
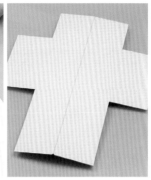

2 制作左右对称的纸型时，最好对折纸板，尽量防止出现误差。

粒面的预处理

皮革的正面叫粒面。为避免在制作过程中将粒面弄脏，通常需要预先在粒面涂抹一层专用保养油，这样做还可以防氧化、防霉变。

1 将具有高渗透性的纯马油涂抹在粒面，注意要涂抹均匀，不要留下空隙。

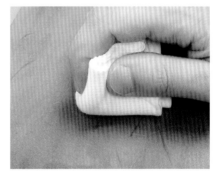

2 用干净的布将没有渗进去的保养油擦掉，否则皮革表面会油腻腻的，反而更容易沾染污垢。

肉面的预处理

皮革的背面叫肉面，肉面布满皮革纤维，比较粗糙。通常要涂抹专用的处理剂，然后用玻璃板或磨边棒慢慢打磨，直至光滑并有光泽。

1 用上胶片涂抹肉面处理剂。皮革材质不同，处理剂的渗透程度也会有所不同，一般来说涂抹成泛白的状态就可以了。

2 擦去多余的床面处理剂，然后用玻璃板或磨边棒进行打磨。根据需要，有时也可以用帆布、棉布或软羊皮等进行打磨。

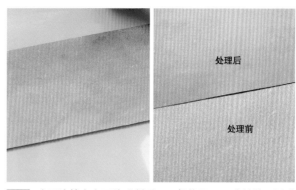

处理后

处理前

3 皮革粒面涂抹完保养油后要搁置一天让油充分渗透。一定要将表面残余的油擦拭干净。

4 肉面涂抹完床面处理剂后，一般静置2~3分钟就可以进行打磨了。右图是肉面处理前后的效果对比图。

裁切皮革

处理完皮革的粒面和肉面，就可以比照着纸型进行裁切了。裁切工具一般选美工刀或裁皮刀。注意，一定要把纸型紧紧贴在皮革上精准地画出裁切线，然后严格按照裁切线仔细切割。

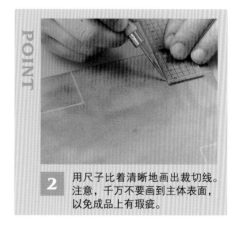

POINT

1 将纸型贴在皮革上，沿纸型的边缘用圆锥画出裁切线。注意，一定要让纸型与皮革紧紧贴在一起，以防画线过程中纸型错位。

2 用尺子比着清晰地画出裁切线。注意，千万不要画到主体表面，以免成品上有瑕疵。

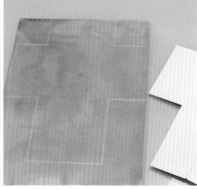

3 为确定四合扣的安装位置，事先在与折线垂直的底边的中点做好标记。

4 在皮革下垫橡胶板，然后用冲子在裁切线的夹角打孔。

5 仔细看图,确定要打孔的位置,在裁切线夹角的外侧打孔,千万不要伤及主体。

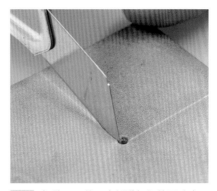

6 把美工刀的刀尖插进打好的圆孔中,沿着裁切线仔细切割。这种裁切方式可以避免因不小心用力过度而伤及要使用的部分。

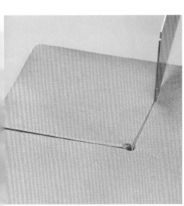 

7 因为距离较短,裁切时不用直尺辅助也可以。需要注意的是,要不时把美工刀竖起来,以保证始终用最锋利的刀尖裁切皮革。

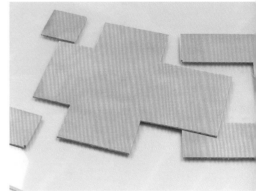

8 这样,零钱包的主体就裁好了。剩下的皮革不要急着丢掉,可以用来制作其他部件。

9 接下来打出四合扣的安装孔。将纸型与裁切好的皮革重新叠在一起,按照纸型上安装四合扣的位置用锥子在皮革上做好标记,然后用 10 号圆冲轻轻打下印记。

10 接着将冲子垂直对准印记,用木槌用力敲击,打出四合扣公扣的安装孔。

11 在四合扣母扣的安装位置用同样的方法打出安装孔。注意，这次用的是 8 号圆冲。

12 利用刚才剩余的皮革，按照纸型裁切出用作包盖里衬贴皮的皮革，然后打出四合扣的安装孔。

修边、打磨

刚刚裁切好的皮革横断面上的毛茬参差不齐，边缘的棱角也比较明显。因此，在缝合前要先对裁切面进行修边和打磨处理，使其圆润光滑。

1 用削边器对皮革左右两侧以及安装四合扣部位的长边进行倒角处理。注意，粒面和肉面的边缘都要修整。

2 取适量床面处理剂，均匀涂抹在裁切面上，注意不要沾染到皮革表面。

3 用剩余的边角料打磨裁切面。厚度在 1mm 以上的皮革还可以用专用磨边器或木质磨边棒进行打磨。最后用布打磨，使裁切面更加光滑且有光泽。

绘制基准线、打孔

裁切好皮具的各部件后，用专用工具在需要缝合的位置绘制缝合基准线，然后用菱錾沿着基准线打出缝孔。

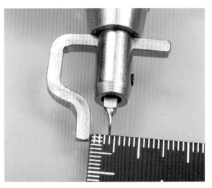

1 挖槽器是绘制基准线的专用工具。将挖槽器的挖槽宽度设为 4mm。

2 让挖槽器的辅助边界柱紧紧抵住皮革边缘，慢慢往自己的方向拉，便可以绘出缝合基准线。

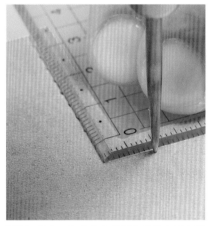

3 在基准线的沟槽内用菱錾轻压出印记。这一步是为正式打孔进行预演，以确定缝孔的数量与间距。

4 注意，每个夹角的两条边线上要各留出 1cm 不画基准线。

5 按照基准线打孔。在转角或基准线的末端换用 2 齿菱錾，以便调整缝孔的间距。

POINT

如图所示，这样的打孔方式是错误的。记住，夹角处不能重复打孔。

25

6 打好孔后准备黏合。将包盖的里衬贴皮与包盖重叠放好，沿着里衬贴皮的边缘用锥子轻轻画出一条印记，用于确定涂抹黏合剂的范围。

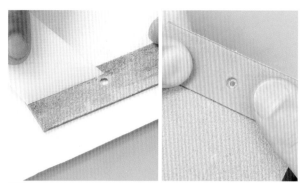

7 涂抹黏合剂时最好在下面垫一张纸，以免黏合剂沾染到其他地方。均匀涂抹后，将两块皮革紧紧压在一起。

8 待黏合剂晾干就可以打孔了。遇到有高度差的地方，最好用边角料垫平，这样在同一水平面上容易打出整齐的缝孔。另外，如果直线缝合的距离比较长，可以选用6齿菱錾打孔，以节省时间、提高效率。

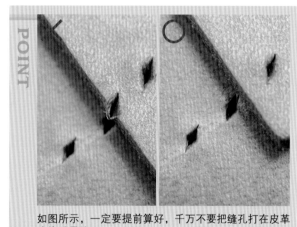

如图所示，一定要提前算好，千万不要把缝孔打在皮革边缘重叠处。

安装四合扣

四合扣等金属配件的安装要用到配套的安装工具，而且安装时一定要在下面垫上橡胶板。

1 这是弹簧四合扣的配套安装工具。

2 将公扣的长脚从肉面穿过孔洞，然后套上公扣的另一部分。公扣的配套冲具是带凹槽的。

3 将皮革放在稳定的工作台上，用带凹槽的冲具垂直对准公扣的圆头凸起，然后用锤子用力敲击冲具，使公扣的两部分牢固地组合在一起。

4 接下来，用同样的方法安装四合扣的母扣。注意，为使开合时两侧弹簧能均匀受力，先转动纽扣，使里面的弹簧垂直于开合方向，然后用安装工具固定。

缝合　　接下来就到了用尼龙线缝合的阶段了。因为皮料相对较厚，为了缝合得更牢固，需要在一根线的两端各穿一根针，然后将两根缝针交叉穿过同一个缝孔。这也是手工皮具独有的缝合特点。

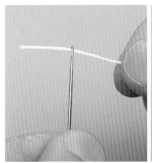

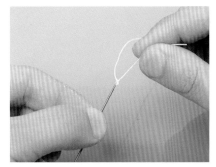

1 先穿针并固定。将缝线穿过针眼，然后在离线头 7~8cm 的位置将针尖插入缝线中。如果缝线不易穿过针眼，可以斜着剪一下线头，线头变细就容易穿入针眼了。

2 把插了针尖的线头部分下拉至针眼处，让整个针身全部穿过缝线。然后拉紧线头，这样就将一根针牢牢地固定在了线的一端。

3 准备长度大约为缝合距离 4 倍的缝线，将另一根针按照上述步骤固定在缝线的另一端。此处为避免缝线过长不好操作，先缝合两条短边。

4 缝合前，将边缘系牢。将一根针从靠近自己的一侧穿过第一个缝孔，然后将线绕过边缘捈回来。

27

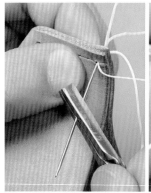

5 将另一根缝针从对侧同样穿过第一个缝孔。如果碰到针拔不出来的情况，就像左图那样，用钳子夹住靠近针眼的位置用力将针拔出来。

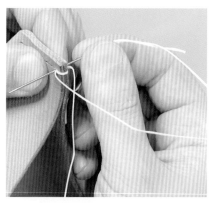

6 接着将这根针绕过边缘再次从对侧穿过来，这样就在边缘绑上了两道线。注意要拉紧缝线，线不能松松垮垮地挂在边缘。

7 缝下一针前，别忘了用两只手同时轻轻拉两侧的缝线，调整到最合适的松紧度。下一针不用再绑线，直接将靠近自己一侧的缝针穿过下一个缝孔。

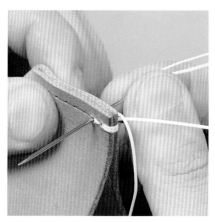

8 再将对侧的另一根针从同一个缝孔穿过来。

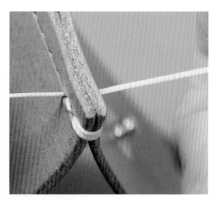

9 最后同时拉紧两侧的缝线，调整针脚的松紧度。

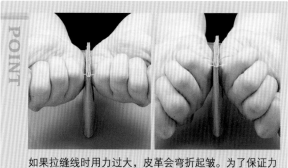

POINT

如果拉缝线时用力过大，皮革会弯折起皱。为了保证力道均匀，用拳头握紧两侧的缝线并顶住皮革，然后外翻，借助这个力来拉紧缝线。但要注意控制自己平时善用的那只手的力道，以免无意中将那侧的缝线拉得过紧。

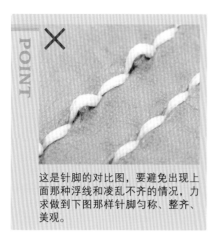

POINT ✕

这是针脚的对比图，要避免出现上面那种浮线和凌乱不齐的情况，力求做到下图那样针脚匀称、整齐、美观。

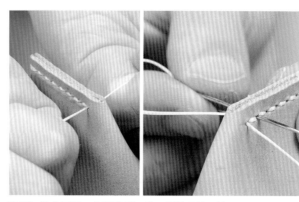

10 缝完最后一个缝孔后，选一根针回缝一针。

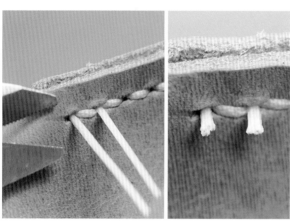

11 这样两根针就在同一侧了。剪断缝线，留2~3mm的线头。

12 然后用打火机处理线头。烧熔线头时，小心不要烧到皮革。

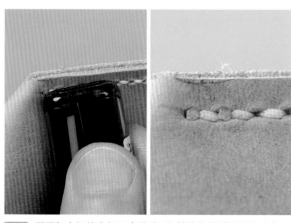

13 再用打火机的底部压扁线头，这样线头就封固在缝孔内了。

14 这是缝合完两条短边后的状态。

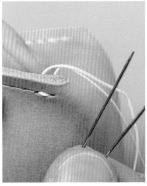
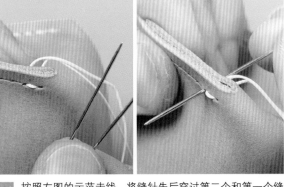

15 再准备一根长度大约为缝合距离 4 倍的缝线（这次的缝合部位为剩下的所有边），再次穿针引线。

16 按照左图的示范走线，将缝针先后穿过第二个和第一个缝孔，让两根针都在自己的对侧。然后将穿过第一个缝孔的那根针从对侧插入第二个缝孔。

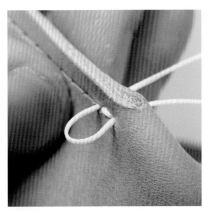

17 将这根针再次插入第一个缝孔，这样第一个缝孔和第二个缝孔间就有两道缝线。接下来按照正常的缝法继续缝合下去。

18 缝合到两块皮革重叠的边缘时，要稍稍用力拉紧缝线。因为这个部位经常受力，拉紧缝线可以防止它在使用时因经常开合而变形。

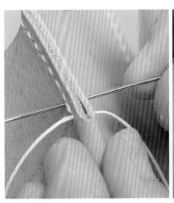
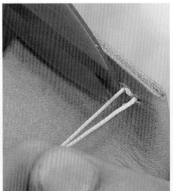

19 缝完最后一个缝孔后，用其中一根针回缝一针，这样两根针就到了同一侧。然后剪断缝线，留 2~3mm 的线头。像这样的聚酯纤维材质的化纤类缝线都可以用烧熔的方法封固线头。

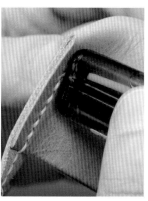

20 用打火机烧熔线头，然后迅速用打火机的底部压扁线头，将其封固在缝孔内。

21 这样，缝合工作就全部完成了，最后检查一下有无遗漏之处。

修整边缘

接下来对裁切面的上下边缘进行倒角修整，并对裁切面进行打磨抛光处理。记住，皮具的美观度如何主要取决于边缘的修整程度。

1 首先用三角研磨器或美工刀将缝合后的边缘修平整。相对而言，三角研磨器使用起来更简便。

2 用毛笔蘸少量清水润湿皮边。

3 然后涂抹床面处理剂。注意不要沾染到皮革表面。

4 用木质磨边棒或皮革边角料打磨皮边，慢慢磨出光泽。

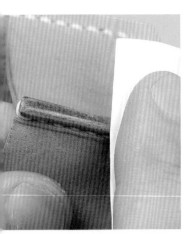

5 也可以用普通的纸来打磨边缘，这样会带来不一样的光泽。

6 准备一块比包盖的里侧贴皮稍大的皮革下脚料，打出一个四合扣能够通过的圆孔。

7 将这块下脚料上的圆孔对准四合扣垫在包盖下面，保证整个包盖处于水平状态，然后用美工刀修整包盖前端的边缘。

8 用美工刀难以切割整齐的部位，可以换用三角研磨器一点点地修整。

9 接下来开始修圆角。先在包盖上的两个角分别斜着切一刀，切掉直角。

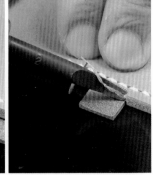

10 然后用三角研磨器将斜角进一步修整成圆弧状。

11 最后通常还要用削边器进行倒角修整，使边缘更加平滑圆润。

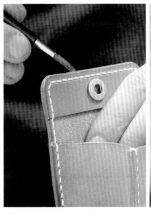

12 修整好后，对边缘进行润饰。先用毛笔蘸水润湿边缘。

13 然后用磨边棒等进一步打磨边缘。

14 一般要把边缘打磨得浑然一体，至基本看不出皮革重叠的程度，具体视个人喜好而定。

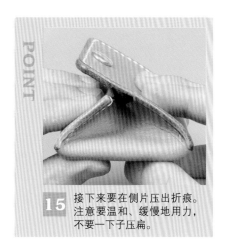

15 接下来要在侧片压出折痕。注意要温和、缓慢地用力，不要一下子压扁。

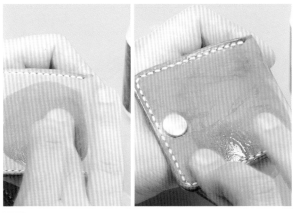

16 要想皮革颜色变深，可以均匀地在表面涂上薄薄的一层纯马油，并且要把多余的马油擦拭干净。然后，每隔 2~3 天涂抹一次，一共涂抹 2~3 次即可。

17 这样，一个深棕色的零钱包就完成了。可以通过控制马油的用量和涂抹次数来调节颜色。

诚和（SEIWA）株式会社
董事长 村山伸一

通过不断研发好产品，支持手工皮艺的发展

问：手工皮具制作的魅力是什么？

村山伸一：要说最大的魅力，就是不受性别和年龄的限制吧。很多来我们这里上课的年轻人通过亲自制作皮具，将脑海中的创意具象化成了实物，他们的脸上洋溢着满足的笑容。我也见过不少老年人兴趣盎然地涉猎手工皮艺，不断地动手动脑对他们的身心健康也是大有裨益的。总之，不论男女老少，每个人都能在动手制作皮具的过程中享受到创作的乐趣。另外，相比其他手工作品，皮具十分耐用，不管是自己用，还是作为礼物送人，都是不错的选择。

问：请介绍一下贵公司出品的手工皮具的特点。

村山伸一：诚和公司很看重产品研发。现在销售的工具都经过了多次改良，而且我们还会不断改良下去。此外，皮革保养剂等化学类产品也是我们的主打产品，希望大家有机会来体验一下这些高品质的产品。

诚和株式会社
讲师 三浦国重

致力于开办普及手工皮艺的讲座

问：想对那些对手工皮艺有兴趣的读者说些什么？

三浦国重：提起手工皮艺，很多人都认为这是一门对技术要求较高的、非常专业的手工艺。其实，手工皮艺是任何人都可以尝试的，没有年龄和性别上的限制，任何人都可以享受其中的创作乐趣。至于制作工具，没必要一开始就把所有的专业工具都置办齐备，随着制作水平的提高，根据需要慢慢添置必要的工具就可以了。我想告诉大家的是，哪怕用最简单的工具，也可以进行手工皮具制作。

问：请介绍一下贵公司举办的手工皮艺讲座吧。

三浦国重：现在，诚和株式会社在东京都及横滨市两地定期举办讲座。学员以女性为主，不过近年来男性学员的数量也在大幅增长。希望大家都来体验一下皮具制作的乐趣！详细信息请参见我们公司的主页。

店铺信息

诚和株式会社
地址：东京都新宿区下落合 1-1-1
电话：03-3364-2111
网址：http://www.seiwa-net.jp

1 公司位于东京都新宿区，是一家集皮革用品的生产、销售及皮革工艺培训于一体的株式会社，从 JR 高田马场站步行 2 分钟即可到达。

2 3 公司 1 楼主要销售与皮革工艺相关的用品，从皮革到制作工具一应俱全，琳琅满目。

实践篇：
不同风格的
皮夹的制作

接下来我们将介绍几款由日本匠人精心打造的作品。每一款皮夹的制作过程都配有详细的图片和解说。希望大家在熟悉制作流程的同时，细细体会每位制作者的匠心，相信其中的技法会对你的实践有所帮助。

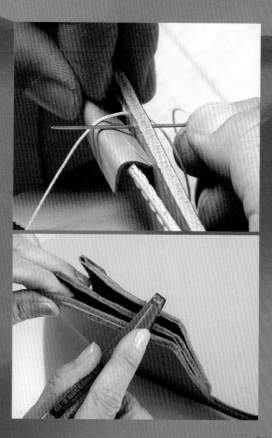

"沙漠之夜"两折短夹

这是一款外表十分朴素的短夹。它的内部构造也很简单，却巧妙地利用肉面的粗糙质感描绘出了一幅"沙漠之夜"。十分适合初学者制作。

①主体
②纸币夹层
③~⑩卡位
③~⑥左侧卡位
⑦~⑩右侧卡位

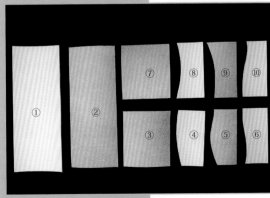

简约的滑革两折短夹

这是一款由扭扭手工俱乐部制作的滑革两折短夹。它最大的特点在于很好地利用了皮革肉面原生的粗糙质感。此外，这款皮夹以"沙漠之夜"为主题，卡位造型独特，便于取放卡片，可谓兼具实用性和时尚感。

尽管左右两侧卡位的外形不同，但由于短夹整体结构比较简单，卡位的数量也不多，制作起来并不难。但需要特别注意的是，多层卡位制作时并不是简单地层叠，而是在侧边各留出一小段，削薄后彼此相连，这样就大大提高了卡位的牢固程度。

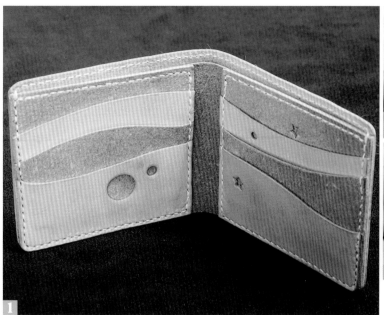

1 内部设计灵动，仿佛星月交辉，卡位则像一座座流动的沙丘。表面的卡位可以放6张卡，内侧还有放卡的空间。

2 纸币夹层选用的是1mm厚的皮革，充分保证了收纳能力。

3 外皮选用了优质滑革，其颜色会随着使用时间的增加逐渐变深，能给使用者带来养色的乐趣。

制作者及店铺信息

扭扭手工俱乐部
社长　平冈直树

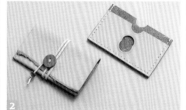

扭扭手工俱乐部
电　　话：03-3480-2315
网　　址：http://www.niwniw.com/club.html
邮　　箱：nh@niwniw.com
培训地址：东京都狛江市元和泉 1-8-12 泉森会馆　小会议室

1 扭扭手工俱乐部在泉森会馆举办手工皮艺培训班，从狛江站下车步行1分钟即到。

2 培训班开设名片夹、车票夹等手工皮具的制作课程。

这些纸型仅供参考，在实际制作时要根据皮革的材质和厚度做相应的调整，卡位的形状以及花样也可以按照自己的喜好调整。以此为参考，开始创作独具匠心的作品吧！

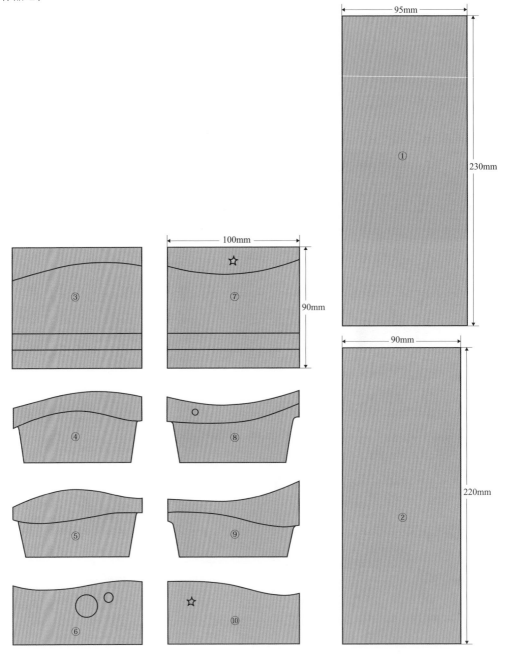

各部件的预处理

1

首先在各部件的粒面涂抹牛脚油。这样可以防止在以后的制作过程中弄脏皮革表面。

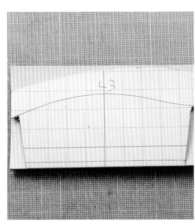

2

接下来裁切制作卡位的皮革，目前只裁切出卡位上方的弧线即可。将纸型紧贴在已经粗略裁切的皮革上，用美工刀沿着纸型的顶部裁切。

3 接下来要对肉面稍作处理。首先把床面处理剂涂满肉面，然后用打磨板打磨，从而使粗糙的皮革纤维平顺光滑。这里使用的是平冈老师专门配置的打磨板，当然也可以使用玻璃板等其他打磨工具。

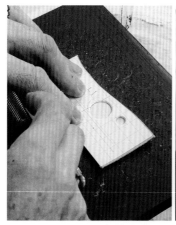  

4 接下来冲孔。部件⑥使用直径 16mm 和 6mm 的圆冲，部件⑧使用直径 4mm 的圆冲，部件⑦和部件⑩使用星形花冲。

 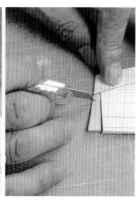

5 最后裁切卡位两侧。在卡位相互重叠的部分多留出 1.5mm 左右的皮革，使其相连时更加牢靠。

POINT

6 为了防止皮革重叠的位置太厚，需将多留出的皮革削至一半厚。这部分面积较小，小心伤到手指。

7 这是两侧削薄后的样子。

8 从图中我们可以看出来，卡位的两侧非常窄小。按照同样的方法处理好部件⑤⑧⑨的两侧后，各部件的预处理就完成了。

■■ 制作卡位

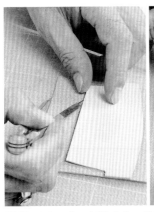  

1 先来制作左侧的卡位。首先画出缝合标记，按照纸型上的标记将部件④叠放在部件③上，在④下面画线。

2 然后在部件⑤下面画线。因为这两个部位是隐藏在内的，所以直接用银笔画线也无妨。

3 纸型是根据卡的大小设计的，所以可以完美收纳各种卡。

4 接下来修整边缘。部件④上边缘等部位在缝合之后比较难处理，所以要先修整一下。涂上床面处理剂后，用磨边器仔细打磨，使其呈光滑圆润的弧形。

 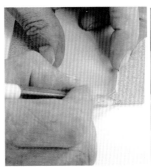 

5 接下来粘贴卡位。先用三角研磨器把要上胶的部位磨毛糙，以便粘贴得更牢固。注意，卡位两侧都要这样处理。

6 将部件④叠放在部件③上，在重叠部位的顶端用银笔在部件③的表面做记号，然后把记号以下要粘贴的部位磨毛糙。另一侧也如此处理。

41

7 用上胶片在要粘贴的部位抹上黏合剂。为了粘贴得牢固，部件③和部件④上都要抹胶。

POINT

8 粘贴时，用两块三角板拼出一个直角，将部件④的侧边和底边分别对齐直角的两条边，以便粘贴得更精准。

9 接下来要把卡位底边缝合起来，以免卡片下滑。先用边线器在离边缘 3mm 处画出缝合基准线，再用菱錾压出印记，确定好缝孔的位置和数量。

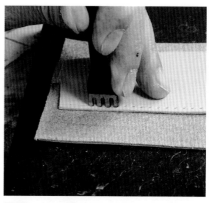

10 然后对照印记打出缝孔，这样就可以进行缝合了。

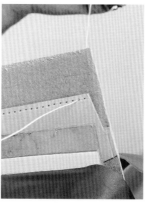

11 准备一根长度为缝合距离 4 倍的麻线。先给麻线上蜡，然后从第二个缝孔穿过一根针，再将两侧的缝线调整至同等长度。

12 将两根针先后穿过第一个缝孔，再先后穿过第二个缝孔。这样，第一个和第二个缝孔间就出现了两道缝线。

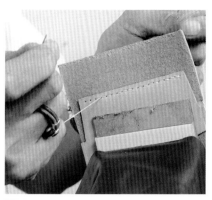

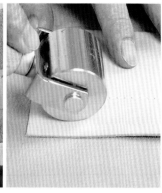

13 只在起针时双线缝合（回缝），接下来单线交叉缝合（平缝）即可。

14 缝完最后一个缝孔后，仍像起针时那样回缝两针再收针。缝好后，两根缝针应分别位于皮革两侧。紧贴着皮革割断缝线，用滚轮来回碾压几遍，使缝线更加贴合线槽、针脚更加整齐匀称。

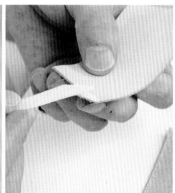
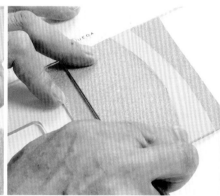

15 接下来，用同样的方法完成部件⑤的缝合。依然先处理上边缘，然后将要粘贴的部位磨毛糙、上胶，接着用两块三角板比对着完成粘贴。

16 因为事先已经将重叠部位的皮革做了削薄处理，所以可以看到粘贴部位的皮革厚度适宜并且比较平整。粘贴完成后，将边线器的间距调为 3mm，在部件⑤的底边画出缝合基准线，然后用菱錾压出印记，随后打出缝孔。

17 缝合方法与部件④相同。还是先从第二个缝孔开始，将两侧的缝线拉至同等长度，在第二个和第一个缝孔间绕过两道缝线后，正常平缝下去。缝完最后一个缝孔后，回缝两针，然后挨着皮革割断缝线，最后用滚轮碾压，使针脚整齐匀称。

18 接下来粘贴并缝合部件⑥。还是先处理上边缘，然后把两侧和底边要粘贴的部位磨毛糙、上胶并粘贴好。

19 部件③～⑥的底边和外侧留待后面再缝合。现在，只在内侧用边线器画出缝合基准线即可。

20 用菱錾压出缝孔的印记。需要注意的是，一定要调整好间距，千万不要让缝孔正好位于皮革重叠部位的边界线上。然后对照着印记打出缝孔。

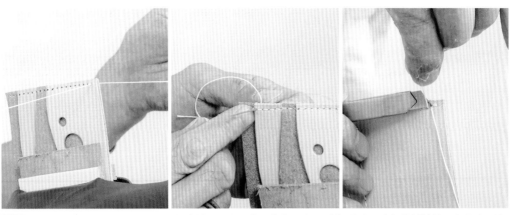

21 从底部开始往上缝合。准备一根长度约为缝合距离 4 倍的缝线，上蜡，从靠近底部的倒数第二个缝孔开始，在倒数第二个和倒数第一个缝孔间绕过两道缝线后，按照平缝法往上缝合。注意，收针的时候，只用卡位正面那一侧的缝针回缝一针，这样两根针就都出现在卡位背面了，然后挨着皮革割断缝线。

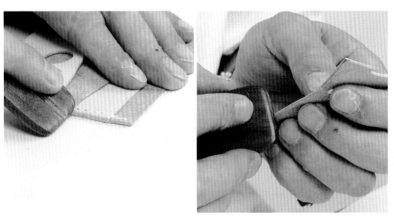

22

最后整理一下针脚。这样，左侧的卡位就做好了。**接下来按照同样的方法和顺序制作右侧的卡位，依然从处理上边缘开始。**

23 接着进行绘制缝合基准线、打磨粘贴部位、上胶和粘贴等一系列工作。完成部件⑧和部件⑨的缝合后，将部件⑩粘贴到部件⑦上。

24 与左侧卡位的制作流程一样,此时,还是只缝合部件⑦~⑩的内侧。缝合后记得对针脚进行整理。最后处理一下左右两侧卡位内侧的裁切面。先用研磨器进行修整。

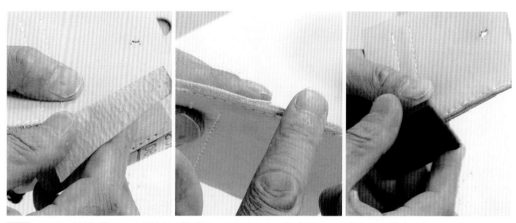

25 再用细砂纸修整。然后涂抹床面处理剂,用磨边器仔细打磨,直至边缘光滑平整并且有光泽。

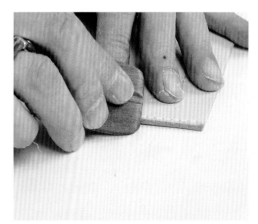

26 内侧皮革裁切面的上边缘也要细细打磨。

27 卡位便制作完毕了。接下来要把卡位粘贴到部件②,也就是纸币夹层上。

组装卡位与主体

1

首先进行粘贴。先在左右卡位的顶部用间距为 3mm 的边线器画出缝合基准线。

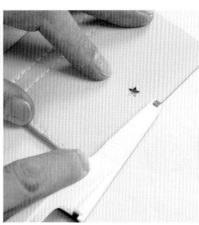

2

把卡位叠放在部件②上，在部件②上标记出卡位内侧的顶端和底端，以确定粘贴部位的边界。然后将卡位翻过来，使粒面朝上。除内侧外，将其他三条边需要粘贴的部位都用研磨器磨毛糙。

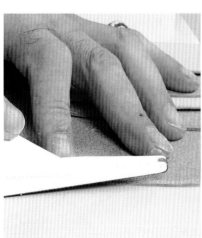
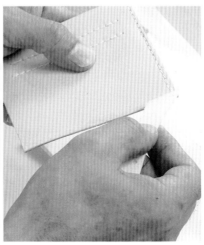

3

除刚才做记号的那一侧外，把部件②左半部分其他三条边要粘贴的部位也磨毛糙。然后在所有磨毛糙的粘贴部位都抹上黏合剂。

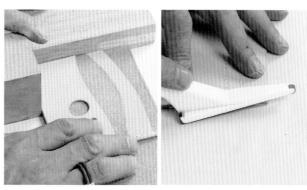

4 边角一会儿还要做切角处理，所以要适当多抹点儿黏合剂。

5 把左侧卡位粘贴在部件②上。因皮革重叠有了一定的厚度，为了贴合得完美，可以选用两块木块代替刚才用的三角板。接下来要粘贴右侧的卡位。把除卡位内侧外的其他三条边粒面的粘贴部位磨毛糙。

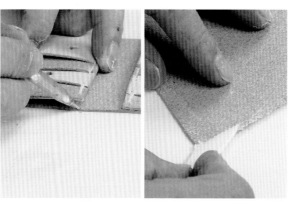

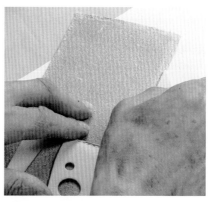

6 与左侧卡位的粘贴步骤相同，先在部件②上卡位内侧的顶端和底端做记号，然后把其他三条边肉面的粘贴部位磨毛糙，抹上黏合剂。

7 两部分都要抹黏合剂才能粘牢固，因此，在右侧卡位之前处理好的粘贴部位也抹上黏合剂。

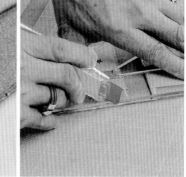

8 等待片刻，待黏合剂达到最适合黏合的状态后，用木块比对着小心地将右侧卡位粘贴到部件②上。

9 因为是以底边为基准进行粘贴的，所以皮夹的顶部多少有些高低不平。接下来要对这个部分进行修整。

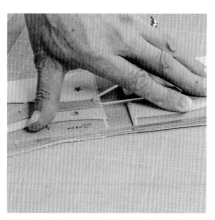

10 先用美工刀切割边缘。为保证笔直，可以用尺子等工具比着切割。

11 接下来进行缝合。用边线器绘制缝合基准线，再用菱錾压出缝孔的印记并打出缝孔。

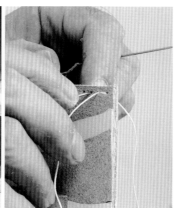
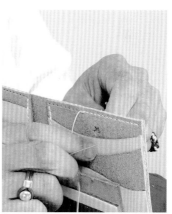

12 用菱錾打好缝孔后就可以进行顶部的缝合了。从右侧的第一个缝孔开始往左缝合。

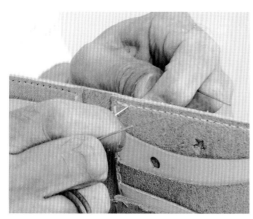
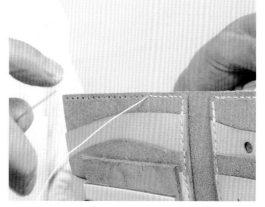

13 缝完最后一个缝孔后，回缝两针，挨着皮革剪断缝线，整理针脚。

14 按照同样的方法缝合左侧卡位的顶部。还是从右往左缝合，最后回缝两针，挨着皮革割断缝线。

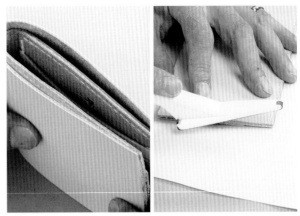

15 接下来需要对边缘进行处理。抹上床面处理剂，用磨边器耐心打磨，直至打磨出光泽。

16 最后，粘贴并缝合组合好的部件②与主体部件①。先把已经缝上卡位的部件②粒面的粘贴部位磨毛糙。

17 将部件②叠放在主体部件①上，确定部件①右侧需要粘贴的部位，然后用研磨器磨锉毛糙。

18 再确定部件①左侧需要粘贴的部位，然后磨锉毛糙，为粘贴做好准备。先进行左侧的粘贴工作，在粘贴部位涂抹黏合剂，稍晾片刻。此外，因为边角之后要进行切角处理，所以必须粘牢固，可以适当地多抹些黏合剂。

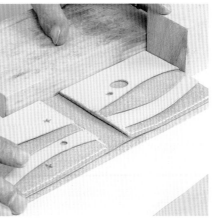

19 在部件②已经磨毛糙的部位也涂抹上黏合剂，待黏合剂呈半干状态后借助木块等工具将其与部件①粘贴在一起。

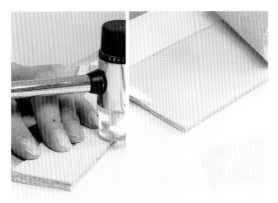

20 用橡胶锤将粘贴部位敲打紧实。然后粘贴右半部分。

POINT

21 这是一款两折皮夹，主体部件①要从中间弯折，所以粘贴右半部分时要将皮夹立起来，以保证底边对齐，然后从底部往上粘贴。

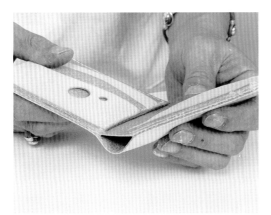

22 皮夹打开时，纸币夹层下的主体中部外凸，与纸币夹层形成中空半圆状，这样纸币位的打开空间跨度就会比较大，取放纸币会更方便。

23 接着用尺子等工具比着将边缘切割整齐，然后在两条侧边和底边用边线器画出缝合基准线。

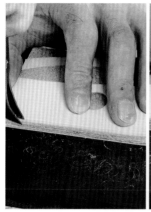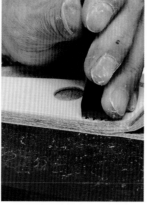

24 用菱錾压出印记，然后对照印记打出缝孔。

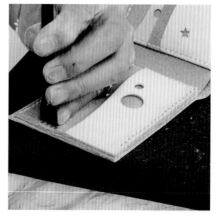

25 注意，因为皮革重叠层数较多，一定要将菱錾垂直对准印记用力敲击，以免出现错位。

26 用美工刀慢慢地将边角修整成圆弧状。然后进行另一边的打孔工作，注意事项同上。

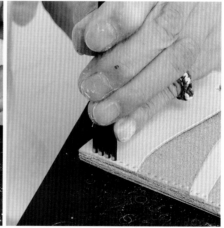

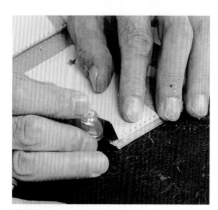

27 修整另一边的边角。

POINT

28 主体部件①的顶边和底边都要打出缝孔。但是，要注意部件②底边的中间，也就是左右卡位之间的区域是没有缝线的，所以最好在其间塞上合适的遮挡物，然后在部件①底边的中间用菱錾压出印记。

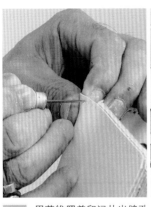

29 用菱锥照着印记扎出缝孔。接下来就可以开始最后的缝合了。准备一根长度约为缝合距离 4 倍的缝线。

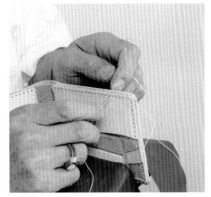

30 为了让线头不明显，从底部的左侧开始缝合。

31 缝合到中间时，一定要注意纸币夹层是不用缝合的，只需在主体部件①上走线。如图所示，缝合到左侧卡位内侧的底边时，要用从①的正面穿过来的针回缝一针，然后只穿过①，接着在①中间走线。

32 在中间走完线，到了右侧卡位的底边时，同样要回缝一针，然后继续缝合。

33 缝完最后的缝孔后，回缝两针再剪断线头。然后将两侧和底边仔细修整一下。

34 这样，就完成了这款别致的两折短夹的制作。由于它是左右对称的，所以做起来其实是比较简单的。

蟒皮装饰的两折长夹

这款长皮夹制作起来同样不难，却因为选用了蟒皮做装饰而熠熠生辉。这种方法学会后可以用到各种皮具制作中。

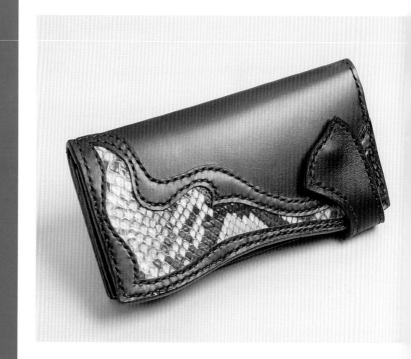

①主体
②四合扣
③装饰皮
④装饰外围
⑤主体的里侧贴皮
⑥～⑧卡位
⑨～⑫零钱袋和纸币位的组成部件

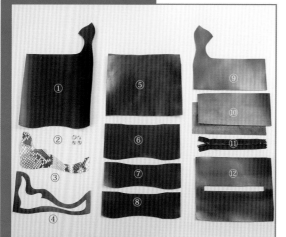

独一无二的上乘之作

由皮艺之心工房出品的这款长皮夹最大的亮点在于主体表面的蟒皮装饰。这里选用的不是普通的蛇皮，而是名贵的钻石蟒皮。听名字就能想象到，这块蟒皮就像钻石一样镶嵌在皮夹表面，令皮夹熠熠生辉并且具有独一无二的花纹和颜色，令人忍不住想据为己有。为了突显蟒皮的纹路，主体选用了深沉的黑色皮革。

蟒皮装饰难在设计，制作起来并不难，内部卡位和零钱袋也十分简约，请大家尽管大胆尝试吧！

■ 成品展示

1 打开皮夹，右手边是零钱袋和纸币位，另一边是卡位。
2 零钱袋一侧开合度比较大，便于取放零钱和纸币。
3 使用频繁的卡可以放在外层的四个卡位里，里层还可以放多张卡。

制作者及店铺信息

皮艺之心工房
社长　鸭志田昌子

皮艺之心工房
电　话：03-3781-8818
网　址：http://www.heart49.com/
地　址：东京都品川区小山 3-23-5 宝屋 2 楼
注：星期二、星期四休息。

1 皮艺之心工房是经日本皮艺学园（Craft 学园）认定的手工皮具培训学校。工房根据学员的需要开设各种培训课程。详细信息参见公司主页。
2 皮艺之心工房的网站主售各种皮制品，同时也销售各种原料及制作工具等。欢迎大家浏览和选购。

纸　型　请放大至 333% 使用

　　这些纸型仅供参考，在实际制作时要根据皮革的材质和厚度做相应的调整。参照这款蟒皮装饰皮夹的设计，创作属于自己的独一无二的作品吧！

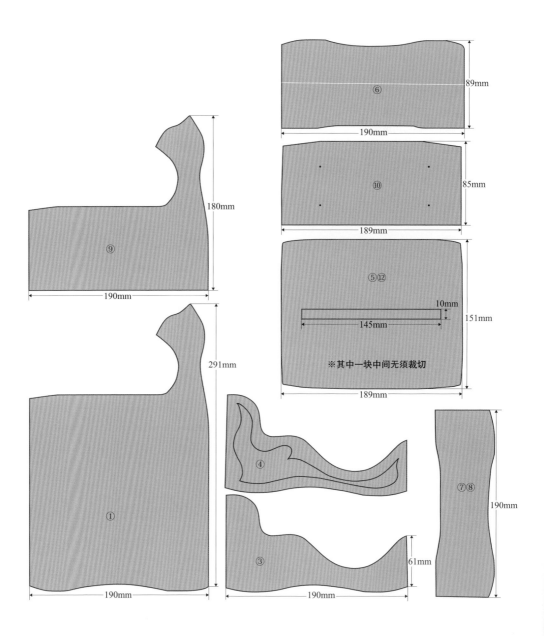

⑥　89mm　190mm

⑩　85mm　189mm

⑤⑫　10mm　145mm　151mm　189mm

※其中一块中间无须裁切

⑨　180mm　190mm

①　291mm　190mm

④

③　190mm　61mm

⑦⑧　190mm

■各部件的预处理

1 首先，要对各部件的肉面进行打磨。用上胶片把床面处理剂涂满肉面，然后用玻璃板打磨，改善毛糙的状况。

2 上图中每个部件的肉面都要处理得光滑平整。

POINT

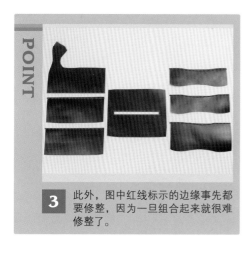

3 此外，图中红线标示的边缘事先都要修整，因为一旦组合起来就很难修整了。

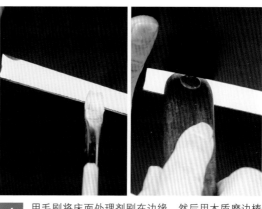

4 用毛刷将床面处理剂刷在边缘，然后用木质磨边棒仔细打磨。

5

在这个阶段，还要把装饰外围内侧的边缘处理好。

组装装饰部件

1 首先将装饰用的钻石蟒皮和装饰外围组合在一起。在装饰外围的肉面抹上白乳胶。

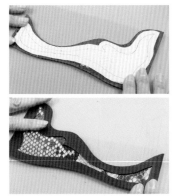

2 然后将装饰外围仔细粘贴在钻石蟒皮上并压紧。

3 接下来要把装饰部件粘贴到主体上。先把装饰部件叠放在主体上，用铁笔画出要粘贴部位的轮廓，然后在该部位和装饰部件上都抹上黏合剂。

4 待黏合剂半干后，从边角开始沿着边缘慢慢粘贴。

5 然后用滚轮碾压，使其粘牢固。

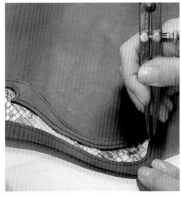

6 将间距规的宽度调为 3mm，在装饰部件的内缘及靠近内侧的外围分别绘制缝合基准线。

POINT

7 接着，如图所示在装饰部件的四个角用圆锥各扎一个孔。

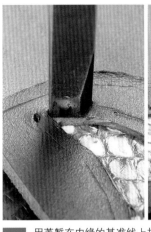

8 用菱錾在内缘的基准线上打出缝孔，曲线部分最好换用2齿菱錾。

9 在靠近内侧的外围也打出缝孔。

10 缝孔打好后，就可以进行缝合了。

11 选用麻线进行缝合。准备一根长度约为缝合距离3.5倍的麻线，上5遍蜡。

12 先缝合靠内侧的外围。将针穿过第一个缝孔，将两侧的缝线拉至同等长度。

13 用平缝法缝合，缝完最后一个缝孔后，两根针都要回缝一针，然后用位于皮革正面的缝针再回缝一针。

14 翻过来，从背面我们可以看到两根线分别从第二个和第三个缝孔穿了过来。

15 挨着皮革剪断缝线，用白乳胶涂抹线头进行封固。

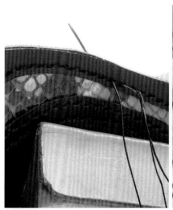

16 按照同样的方法缝合内缘。从之前用圆锥扎的孔前面的倒数第二个缝孔开始缝合，缝到最后，两根针各回缝一针，然后用位于皮革正面的缝针再回缝一针。

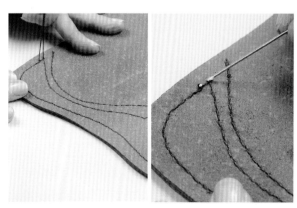

17 如图所示，两根针都在皮革背面。将两根线稍稍拉紧，然后剪断线头，再用白乳胶进行封固。

18 外围的另外三条边留待以后与卡位缝合，至此，装饰部件就组装完成了。

制作内部部件

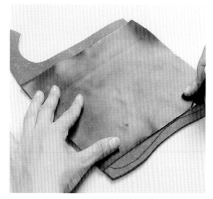

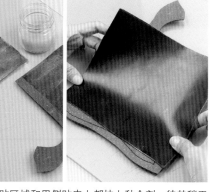

1 首先把主体的里侧贴皮粘贴到主体上。用银笔画出粘贴区域。

2 在主体的粘贴区域和里侧贴皮上都抹上黏合剂，待其稍干燥后将两部分粘贴起来。

3 用滚轮来回碾压，使其粘牢固。然后用裁皮刀将侧面多余的皮料切去。

4 这是粘贴完成并将侧边裁切整齐后的样子。

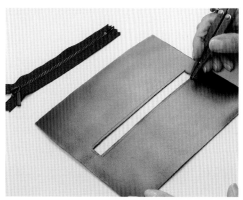

5 接下来制作零钱袋。为了便于安装拉链，先用间距规在部件⑫上画出缝合拉链的基准线。

6 用白乳胶把拉链和部件⑫粘贴在一起。

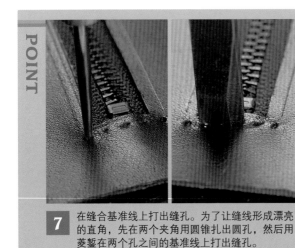

7 在缝合基准线上打出缝孔。为了让缝线形成漂亮的直角，先在两个夹角用圆锥扎出圆孔，然后用菱錾在两个孔之间的基准线上打出缝孔。

8 如图所示，两个夹角用圆锥扎了孔，中间用 2 齿菱錾打出了 3 个缝孔。对侧短边也如此处理。

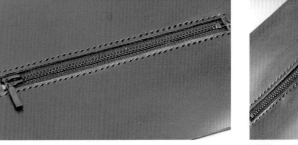

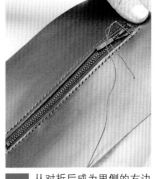

9 长边换用齿数较多的 9 齿菱錾打孔。右图就是打好缝孔后的样子。

10 从对折后成为里侧的右边第三个缝孔开始缝合。

11 缝合完一圈后，用两侧的缝针各自回缝一针，然后，用粒面一侧的缝针继续回缝一针，拉紧缝线。现在就如第三张图所示，两根线都在肉面。

12 贴着拉链剪断缝线，抹上白乳胶，封固线头。

13 接下来制作紧挨着零钱袋的夹层。将纸型叠放在部件⑩其中的一片上，参考纸型在图示的 4 处位置做好标记。

14 图中红圈标示的就是做好的记号。这块皮革的粒面将与零钱袋对折后成为里侧的粒面相对缝合。

15 按照同样的方法和步骤在部件⑩的另外一块皮革上做好标记。这块皮革的粒面将与纸币位的粒面相对缝合。

16 将需要缝合的两组皮料分别叠放在一起，为了避免错位，先用胶带进行固定。

17 然后，用尺子比着把刚才做的记号连起来，画出缝合线。目前只画出下半部分的长边及两条短边即可，另一组也如此处理。

18 在缝合线上依次打出缝孔。

19 做纸型时已经设定好短边正好可以用9齿菱錾一次性打出9个缝孔，所以可以先打短边的缝孔，然后在下半部分的长边用9齿菱錾一边调整间距一边打孔。

20 从短边靠近上半部分的第一个缝孔开始缝合。

21 缝合到最后，依然用两侧的缝针各自回缝一针，然后用部件⑫那一侧的针再回缝一针，也就是两根针最终都要在部件⑩这一侧。

22 以同样的方法完成另一组皮料的缝合。注意，线头要在部件⑨那一侧进行封固。

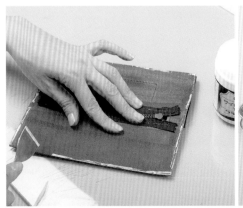

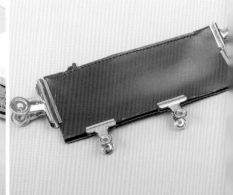

23 最后将整个零钱袋对折，在边缘抹上白乳胶，粘贴后用夹子固定。

64

24 在等待白乳胶晾干的这段时间，我们来制作卡位。先把部件⑦叠放在部件⑥上，按照既定的尺寸在需要粘贴的部位做好标记。

25 上胶之前，把部件⑥粒面要粘贴的部位用砂纸打磨粗糙。

26 在部件⑥和部件⑦的粘贴部位抹上白乳胶。

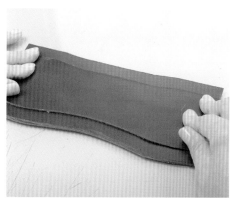

27 把部件⑦粘贴到部件⑥上，如图所示距部件⑥的顶边约 10mm 的距离。

28 为避免卡片下陷得太深，可以在部件⑦底边的两端缝几针。先分别用6齿菱錾打出6个缝孔，等胶干后缝合。

29 回过头来制作零钱袋。先在底边和两条侧边上用间距规画出缝合基准线，然后用圆锥在边角钻孔。钻孔时一定要在下面垫上橡胶板，因为下层的部件⑩上不需要打缝孔。

 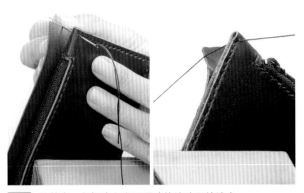

30 在缝合基准线上打孔，同样不要忘记在零钱袋与部件⑩中间垫上橡胶板。

31 从其中一条短边上靠近顶端的缝孔开始缝合。

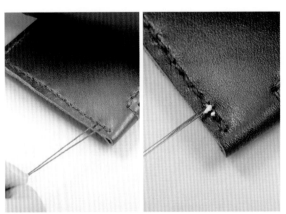 

32 缝合到最后，用两侧的针各回缝一针，然后用零钱袋正面的缝针再回缝一针，让两根针都出现在里侧，然后封固线头。

33 这就是缝合完成的样子。接下来要把这部分与纸币位组合在一起。

34 分别在两部分的粘贴部位涂上白乳胶，为了粘贴得更加牢固，粘贴后还是要用夹子固定。

35 在等待白乳胶变干期间，我们再回来制作卡位。刚才已经打好了缝孔，所以可以直接开始缝合了，记得最后要回缝，让两根线都位于肉面，然后进行封固。

36 这是缝合完成的样子。

37 接下来粘贴部件⑧。与刚才一样，先确定粘贴部位，然后用砂纸把粘贴部位打磨粗糙。

38 上胶，确保边缘对齐再粘贴。

39 在等待白乳胶变干期间，我们再回来制作零钱袋。首先在部件⑩的三条边上用间距规画出缝合基准线。

POINT

40 同样先用圆锥在边角钻孔，然后以此为起点用菱錾打孔。需要注意的是，钻孔和打孔时，务必在部件⑨和⑩之间垫上橡胶板，以免菱錾在部件⑨上留下印记。

41 将三条边上的缝孔依次打好。

42 开始缝合。起针时先把边缘绑牢固：将针穿过侧边顶端的第一个缝孔，调整两侧的线至等长，然后将一根针绕过边缘并再次从第一个缝孔穿过。另一侧的针重复同样的动作，如图所示，两道缝线均绕过顶端边缘。然后，用常规的平缝法一直缝合下去即可。

  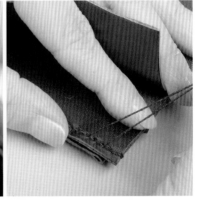

43 收针时与起针时一样，让两道缝线绕过顶端的边缘。然后，用正面的针继续回缝一针，让线回到背面，再拉紧缝线，剪断线头。

44
在线头上涂白乳胶进行封固。这样，零钱袋就做好了。

45

最后继续制作卡位。首先在卡位中间用铁笔画出缝合基准线，然后用菱錾打出缝孔。

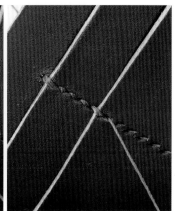

46 注意，部件⑦的顶边和部件⑥重合的部分，也就是有高度差的部分，要回缝一针，然后正常往下缝合。

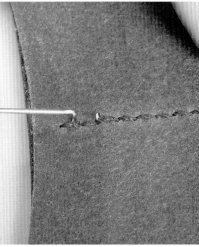

47

最后，用两面的针各回缝一针，用正面的缝针再回缝一针，让线回到背面。在背面剪断线头，用白乳胶固定。

将各部件组装到主体上

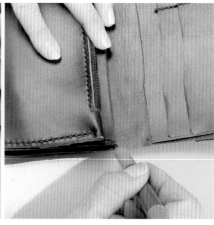

1 首先组装零钱袋和卡位。把它们叠放在主体上，在上半部分边角做上记号。

2 为了粘贴牢固，把里侧贴皮粒面要粘贴的部位用砂纸打磨粗糙。

3 接着涂上白乳胶。零钱袋和卡位的粘贴部位也要涂白乳胶。

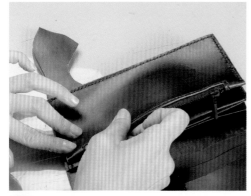

4 然后进行粘贴。

5 多用些夹子固定，静置10分钟左右。

6 等白乳胶变干后，就可以对边缘进行修整了。用三角研磨器细细打磨。

POINT

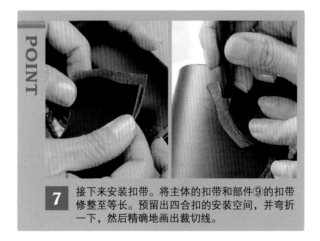

7 接下来安装扣带。将主体的扣带和部件⑨的扣带修整至等长。预留出四合扣的安装空间，并弯折一下，然后精确地画出裁切线。

8 沿着裁切线用裁皮刀切去多余的皮革。

9 在部件⑨的扣带中心用铁笔标出四合扣的安装位置，然后用合适的冲子冲孔。

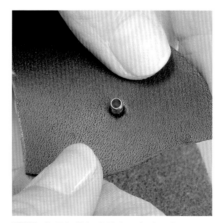

10 将母扣的长脚从肉面穿过洞孔。

11 长脚部分太长的话，可以先在上面套垫圈，再将其穿过孔洞。

12 套上母扣的另外一部分，用专用安装工具将这两部分固定在一起。

13 确认母扣是否安装牢固。

14 然后把扣带的里外两层粘贴起来。两面都要涂上黏合剂，至半干后仔细粘贴。

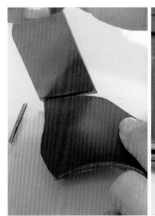  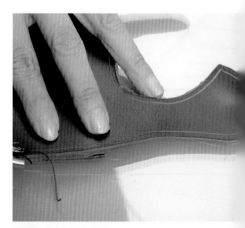

15 粘贴牢固后，修整边缘。先用裁皮刀将边缘切割整齐，再用研磨器细细打磨。

16 最后，进行整体缝合。先在主体边缘用挖槽器画出缝合基准线。

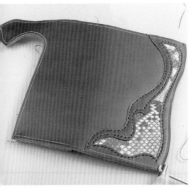

17 这是画好缝合基准线的样子。

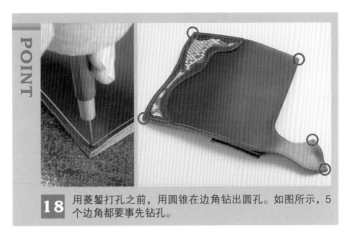

POINT

18 用菱錾打孔之前，用圆锥在边角钻出圆孔。如图所示，5个边角都要事先钻孔。

19 以圆锥钻出的孔为起点，在挖槽器挖出的沟槽内打出缝孔。

20 遇到皮革重叠层数比较多的部位一定要用力打，以确保菱錾穿透每一层皮革。此外，如右图所示，打孔时务必避开皮革重叠的边界线。

21 开始缝合。为了便于隐藏线头，最好从零钱袋的边角开始缝合。

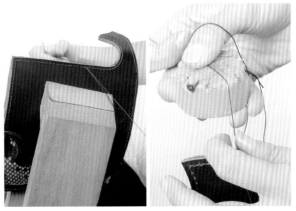

22 因为主体要缝合一整圈，距离较长，缝合过程中一定要不时地给麻线上蜡，以免麻线起毛，影响美观。

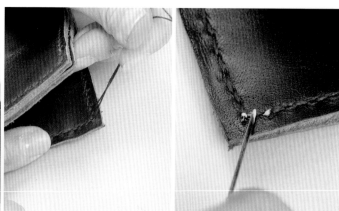

23 缝合到最后，用两面的针各回缝一针，接着用位于主体表面的针再回缝一针，这样两根针就都在里侧了，然后剪断线头，用白乳胶固定。

24 这是全部缝好的样子。由于主体正面的缝合线是用挖槽器挖的沟槽，可以看到缝线整齐地排列在沟槽里，针脚看起来不明显，而且耐磨。

25 最后，别忘了安装四合扣的公扣。将扣带弯折过来，确定安装位置后用冲子打孔。

26 注意，冲孔时要将橡胶板垫在主体和卡位之间，以免打穿卡位。然后把公扣的脚从背面穿过洞孔。

27 固定公扣时，为保护卡位，最好垫上铁质垫板。

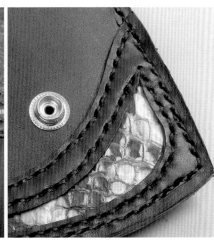

28

从主体表面套上公扣的另一部分，然后用专用安装工具固定。

最终修饰

1

先修整一下边缘。用粗砂条打磨，再用削边器进行倒角处理。

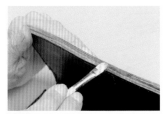

2

接着涂上床面处理剂，继续用细砂纸打磨。

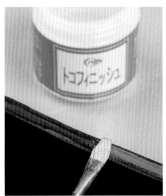

3 然后再次涂上床面处理剂，用磨边棒打磨抛光。将边缘处理美观的关键在于用砂纸由粗到细反复打磨修整。

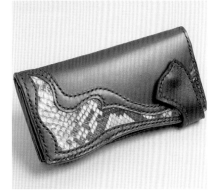

4 到此为止，这款漂亮别致的用蟒皮装饰的皮夹就彻底完成了。

全皮插扣两折长夹

接下来教大家制作一款不用任何五金配件，连插扣也是用皮革做成的长款皮夹。这款皮夹皮料选用的是原色滑革，百看不厌。

① 主体
② 主体的里衬
③ 卡位 A
④ 卡位 B
⑤ 卡位 C
⑥ 卡位 D
⑦ 卡位 E
⑧ 纸币位
⑨ 零钱袋 A
⑩ 零钱袋 B
⑪ 卡位的侧片
⑫ 插带 A
⑬ 插带 B
⑭ 扣带正面
⑮ 扣带里衬
⑯ 扣环 A
⑰ 扣环 B
⑱ 零钱袋的侧片

潇洒机车风

无限极手工皮艺工房以制作粗狂机车风格的皮夹享誉业界。图中所示的长皮夹使用了被世人冠以"零金属插扣"之称的无限极手工皮艺工房的原创插扣。该插扣由扣带、扣环和插带三部分组成，其强大的闭锁功能，在皮革手工艺领域非常有名。另一亮点在于内部的多处侧片设计，保证了超强的收纳能力。

由于部件比较多，制作工序也比较复杂。这款皮夹构造独特，功能强大，非常值得大家动手一试。

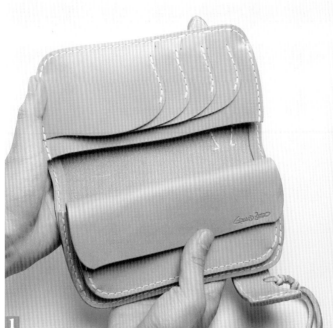

① 这款皮夹功能齐全，既有纸币位、卡位，还有零钱袋。

② 插扣使用了无限极手工皮艺工房原创的"零金属插扣"，先将扣带套在扣环上，再将插带插入扣环，环环相扣，闭锁功能强大。

③ 内部多处采用了侧片设计，收纳能力超强。

制作者及店铺信息

无限极手工皮艺工房
董事长　藤仓邦也

无限极手工皮艺工房
地　　址：群马县馆林市城町 6-7
营业时间：12:00~21:00（星期三休息）
电　　话：0276-73-5443
网　　址：http://www.grandzero.com
邮　　箱：info@grandzero.com

① 无限极手工皮艺工房位于群马县，门店兼作工作室，备有停车位。

② 霸气的美式机车傲立在店面中间，墙壁和陈列柜上展示着各种各样的皮夹和饰品。此外，在栃木县的奥特莱斯精品店内也可以买到无限极出品的皮夹。

这些纸型仅供参考，在实际制作时要根据皮革的材质和厚度做相应的调整。当然，也可以换成自己喜欢的颜色的皮革，创作属于自己的独一无二的作品！

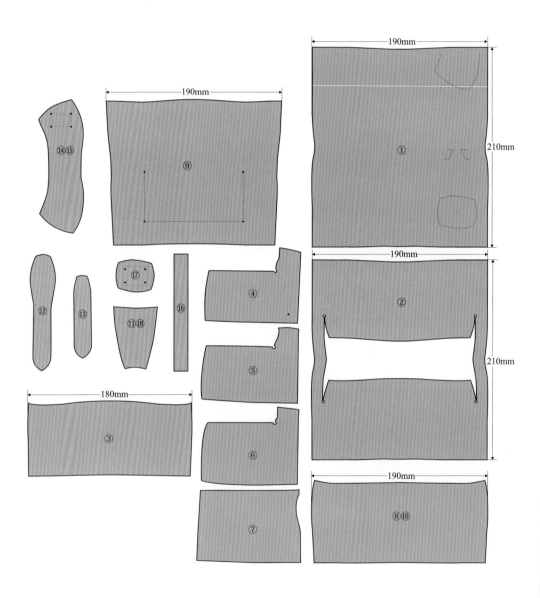

各部件的预处理

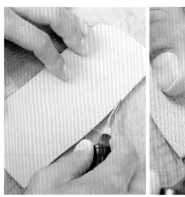

1 首先处理组装后无法进行修整的部位。对这款皮夹而言，要先处理部件⑧及部件⑨的边缘，要用削边器做倒角处理。

2 处理完之后用手指蘸取床面处理剂涂抹在边缘，然后用布慢慢打磨。

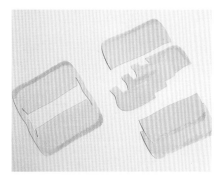

3 接下来要削薄粘贴部位。先用棉棒蘸水浸湿这些区域，再用削边专用的工具将其削薄。

4 这就是各部位削薄后的状态。仔细对照图片逐一确认，不要漏掉任何一个部件。

附属部件的缝合前准备

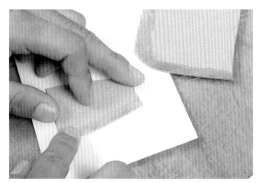

1 为了缝合时能一气呵成，要先将各附属部件的打孔及修边工作做好。先粘侧片（部件⑱），取两片侧片与零钱袋 B（部件⑩）粘在一起。

2 零钱袋 B 的边角是圆弧形的，粘贴到末端时，侧片露出一点儿也无妨，因为后续过程中会对这部分进行修整。

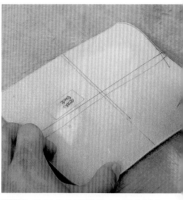

3 这就是粘好后的样子，可以看到末端露出了一小块侧片。

4 粘好后，用滚轮等工具压紧粘贴部位。

5 接下来在零钱袋 A（部件⑨）上打孔。把纸型扣在背面，按照标记在 4 处地方做记号。

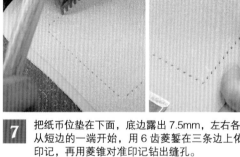

6 如图所示，将这 4 处记号用直尺相连，画出两条短边和靠外侧的长边。

7 把纸币位垫在下面，底边露出 7.5mm，左右各露出 7mm。从短边的一端开始，用 6 齿菱錾在三条边上依次打出缝孔印记，再用菱锥对准印记钻出缝孔。

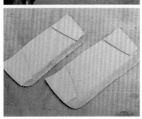

8 将另外两片侧片与纸币位粘贴在一起并压紧。侧片的边缘稍微露出一点儿也没关系。下图是纸币位及之前的零钱袋 B 粘好侧片的样子。

9 在组成卡位的 4 个部件（部件④～⑦）上打孔。先把间距规的间距调为 4mm，参考纸型给出的标记如图所示沿着卡位的顶边画出缝合基准线。

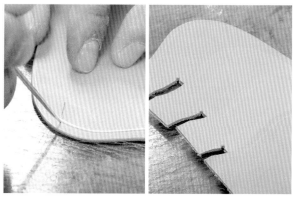

10 根据纸型上的标记用圆锥做记号。

11 把间距规的间距调为 5.5mm，在缝合基准线上压出缝孔的印记。

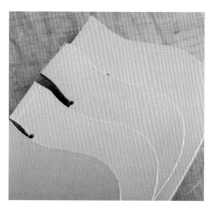

12 这是部件④ ~ ⑦压出缝孔后的样子。

13 在部件④ ~ ⑦离下部边缘 4mm 处用间距规画出缝合线，再把间距规的间距设置为 5.5mm，沿着缝合线压出缝孔的印记。

14 用圆锥对准所有的印记钻出缝孔。

15 把 4 个卡位排列起来，在重叠的部位将圆锥插入缝孔内在下面的皮革上压出记号。

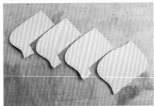

16 用圆锥在每一个记号处钻出缝孔。下图是所有缝孔都打好后的样子。

17 现在开始制作插扣。先把插带 A（部件⑫）和插带 B（部件⑬）的粘贴部位用研磨器磨粗糙，抹上黏合剂。

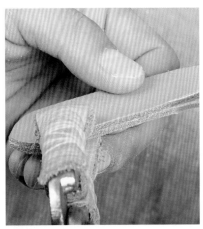

18 将两部分粘贴起来并用工具压紧实。

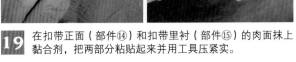

19 在扣带正面（部件⑭）和扣带里衬（部件⑮）的肉面抹上黏合剂，把两部分粘贴起来并用工具压紧实。

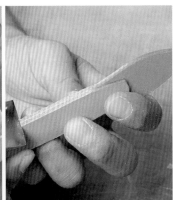

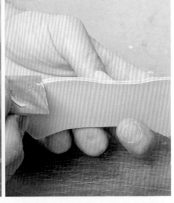

20 对到这个阶段为止所有粘贴过的皮革的边缘进行修整。先用裁皮刀把重叠部分的边缘裁切整齐。有些地方是曲线形的，小心裁切，注意别伤到手。

21 在纸币位上打孔。先在纸币位左右两边粘贴侧片的位置画上缝合基准线。

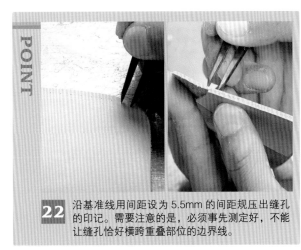

22 沿基准线用间距设为5.5mm的间距规压出缝孔的印记。需要注意的是，必须事先测定好，不能让缝孔恰好横跨重叠部位的边界线。

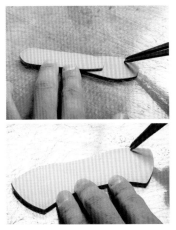

23 给插扣打孔。将间距规的间距设定为4mm，在插扣的插带和扣带上分别画上缝合线。

24 将间距规的间距设定为5.5mm，在缝合线上压出缝孔印记。

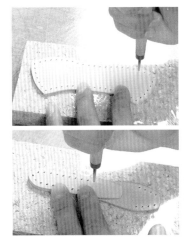

25 用圆锥对准印记钻出缝孔。

26 在零钱袋B上打孔。按照上述方法和步骤，在零钱袋B粘贴侧片的位置画线、压印，然后对照着纸币位和零钱袋B上的印记用圆锥钻出缝孔即可。

27 这是零钱袋 B 粘贴侧片的位置打好缝孔后的样子，可以看到缝孔成功避开了重叠位置的边界线。

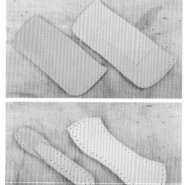

28 至此，卡位、零钱袋、纸币位和插扣都已修好边并打好孔，接下来就可以缝合了。

附属部件的缝合

1 首先将侧片分别缝到零钱袋及卡位上。选用尼龙线进行缝合。准备一根长度大约为缝合距离4倍的缝线，两端分别穿在两根针上。先加固边缘——将两根针交叉穿过顶端第一个缝孔，然后绕过边缘再次交叉穿过第一个缝孔，拉紧缝线，这样就成了图中显示的样子，边缘有两道缝线绕过。

2 把两根针交叉穿过第二个缝孔，用一根缝针回缝一针后再次穿过第二个缝孔，这样第一个缝孔和第二个缝孔间有两道线，然后用平缝法缝合下去。最后用两侧的针各回缝一针，再用表面一侧的针继续回缝一针，让两根针都在背面。

3 剪断线头，用打火机烧熔，然后压扁封固好。最后，用工具碾压，使针脚匀称美观。可以裹上塑料薄膜来保护针脚。

4 按照同样的方法缝合对侧，然后烧熔、封固线头并整理针脚。

5 缝合完成后，用削边器对边缘进行倒角处理，然后涂上床面处理剂用布打磨。

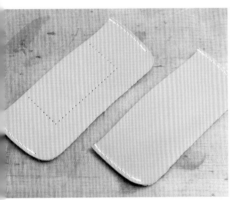
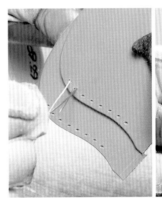

6 这是零钱袋和纸币位的侧片缝合完成并修整完边缘后的样子。

7 接下来缝合卡位。记住，最前面的两个缝孔和最后的两个缝孔一定要双线缝合。缝合完成后要做好线头的封固和针脚的整理工作。

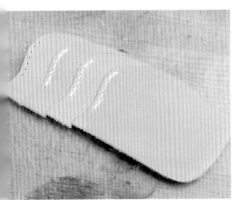
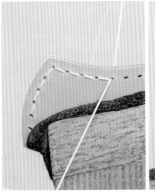

8 图中展示的是 4 个卡位缝合在一起的样子，左侧留待以后与卡位 A 缝合在一起。

9 最后缝合扣带的外圈。因为上部中间部位的缝线最容易磨断，这里的两个缝孔要双线缝合，其余缝孔单线缝合即可。全部缝好后，烧熔线头并封固好。

插扣的制作及组装

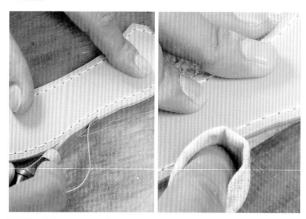

1 首先为插扣修边。先对上下边缘进行倒角处理，然后涂上床面处理剂，用布打磨。

2 接下来在扣环的位置打孔并缝合。将纸型放在扣带上，按纸型上的标记在如图所示的4处位置做上记号。

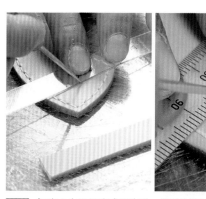

3 把这4个记号连成四边形，然后在距四边形的长边1.5mm处（外侧）分别用圆锥画出缝合基准线。

4 用间距为6mm的间距规在缝合基准线上压出缝孔的印记。

5 按照图中的示例，在基准线两侧分别用菱锥斜向钻出一个缝孔作为装饰，大致和它旁边外围的针脚平行、长短相等即可。

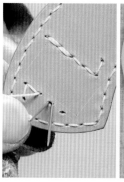
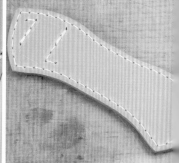

6 从斜向钻出的缝孔开始缝合，最后回缝一针，然后用正面的缝针再回缝一针让针回到背面，在背面封固线头。

86

7 接下来要将扣环区域切除。为了便于切割，先用冲子打一些孔。

8 然后用雕刻用的圆弧刀等刀具把这些孔连起来就可以把中间部分切除了。

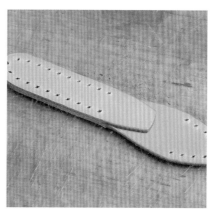

9 粗略切割到边缘处，再用雕刻用的斜口刀仔细切割整齐。

10 接下来缝合插带并修边。先根据缝合距离准备一根足够长的缝线。

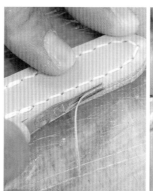

11 最初的两个针脚双线缝合，最后回缝一针，然后用正面的缝针再回缝一针让针回到里侧，在里侧封固线头。

12 缝好后对上下边缘进行倒角处理，然后耐心打磨，直至磨出光泽。

 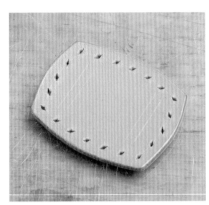

13 接下来制作扣环。在离扣环 B 的边缘 4mm 处画一圈缝合基准线，用间距为 5.5mm 的间距规压出缝孔的印记，然后把纸型叠放在扣环 B 上，在 4 个标记处做记号。

14 用圆冲以记号为中心压出印记，如图横向将印记的上下外缘分别用直线连起来。用菱錾沿着之前压出的印记打出一圈缝孔。

15 如图所示，用圆冲在 4 个印记处冲孔，然后将两条直线间的皮革裁掉。

16 把插带以十字交叉的方式放在扣环 A 上，如图沿着插带的两侧画线。

17 用雕刻用的三角刀削薄画线部位，再用棉棒蘸水将其润湿。

18 在湿润的状态下，先肉面朝外弯折，再粒面朝外弯折，压出折痕。

19 压出折痕后，将它穿过扣带上挖的孔，然后如图所示插入插带。

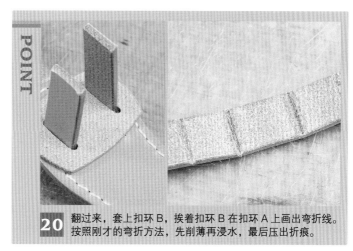

POINT

20 翻过来，套上扣环 B，挨着扣环 B 在扣环 A 上画出弯折线。按照刚才的弯折方法，先削薄再浸水，最后压出折痕。

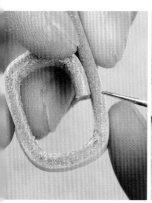

21 将扣环 A 沿着折痕弯折成一个圈，在相交的地方画线，然后切掉多余的部分。

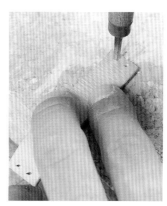

22 如图在离短边 4mm 处画线，然后用菱锥钻出两个缝孔，另一端亦如此处理。

23 将扣环 B 套到扣环 A 上并将扣环 A 缝合起来。注意，必须双线缝合。

24 最后，在扣带没有挖孔的那端用齿距为 8mm 的间距规画出"コ"形缝合基准线，用菱锥钻出缝孔。

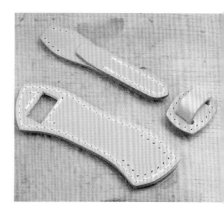

25 这样，插扣的所有部件就制作完成了。

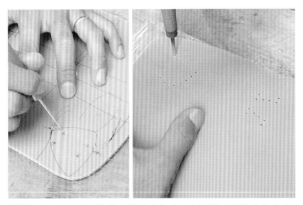
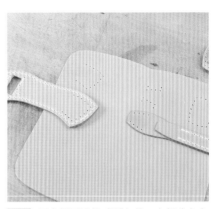

26 接下来，将插扣与主体缝合起来。先把纸型叠放在主体上，在缝合插扣的位置做上记号，然后用菱锥钻出缝孔。

27 图中所示即组成插扣的三个部分各自的缝合位置。

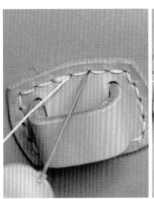

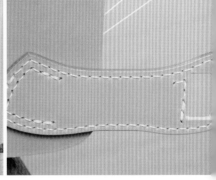

28 先缝合扣环。缝合一周后，最后双线缝合，在背面封固线头。然后，按照中间图片的示例，在插带插入扣环的状态下缝合插带。注意这里每个针脚都是双线。最后缝合扣带，最初和最后的两个针脚双线缝合，完成后在背面封固线头。

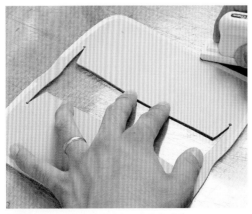

29 最后，粘贴主体的里衬（部件②）。先把之后将与零钱袋和卡位粘贴的部位（正面）磨粗糙。

30 翻过来，在肉面涂上黏合剂，准备将其与主体粘贴在一起。

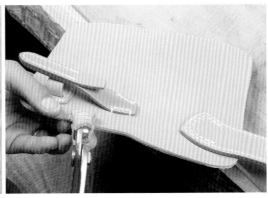

31 从上部边缘开始慢慢粘贴，与主体之间最好先用塑料薄膜隔开，以免上边还没粘好，下面却碰到一起，从而出现错位的现象。粘贴完成后，用工具压紧实。

零钱袋的缝合

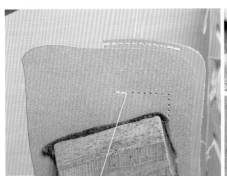

1 首先将纸币位与零钱袋 A 缝合在一起。最初两针双线缝合，最后回缝一针，然后用正面的缝针再回缝一针让针回到背面，在背面封固线头。最后铺上塑料薄膜用锤子轻敲缝线，使针脚匀称、美观。

2 接下来缝合侧片与零钱袋 A。先把零钱袋 B 叠放到零钱袋 A 上，在 A 的两端做上记号。

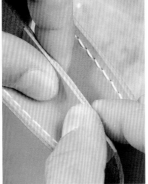

3 然后把零钱袋 A 与侧片粘贴起来。

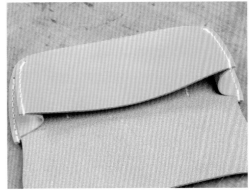

4 另一边的侧片也如此粘贴。

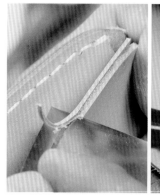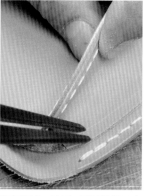

5 粘好后，用裁皮刀把边缘裁切整齐。然后，用间距规画出缝合基准线。

6 用齿距为 5.5mm 的间距规压出缝孔印记，然后用菱锥钻出缝孔。

7 确认侧边的缝孔都打好后，将底边也粘贴起来。

8 在底边上也用间距规画出缝合基准线，以 5.5mm 的间距压出缝孔印记，再用菱锥钻出缝孔。

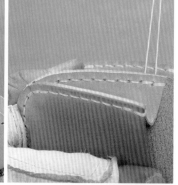

9 可以开始缝合了。为了避免缝针误伤到相邻皮革的表面，可以用边角料把相邻皮革的表面保护起来。最初的两针要双线缝合，注意第二张图的示例，侧片缝合完成开始缝合底边时，要先回缝两针，同样，当缝合到对侧同样的部位时也要如此操作。缝完最后一个缝孔，回缝一针，然后用侧片一侧的针再回缝一针，在另一侧封固线头。

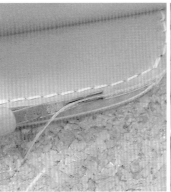
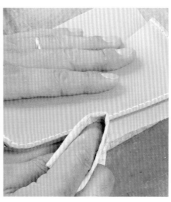

10 垫上保护膜用工具压缝线,使针脚匀称美观。然后按照用削边器进行倒角处理、涂抹床面处理剂和用布打磨的步骤修整边缘。这样零钱袋部分就制作好了。

卡位的制作

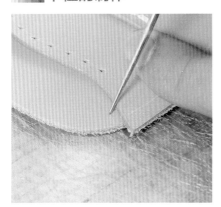

1 把之前已经缝合在一起的卡位 B~E 叠放在卡位 A 上,确认好要粘贴的位置。

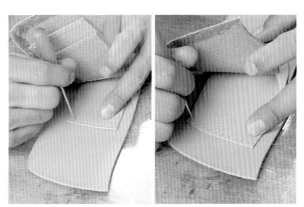

2 将两部分边缘对齐紧密贴合在一起,用圆锥逐个穿过卡位 B~E 上已经打好的缝孔在卡位 A 的表面做上标记。

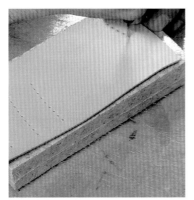
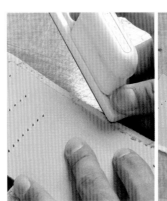
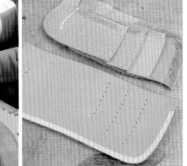

3 用菱锥在卡位 A 的印记上逐个钻孔。

4 如图所示把要粘贴的部位磨粗糙。

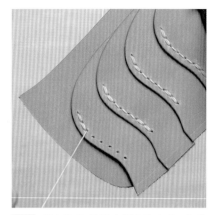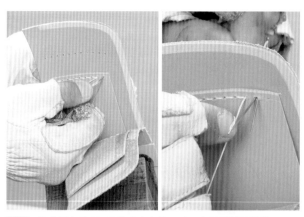

5 把卡位 B~E 缝合到卡位 A 上，先缝合最下面的卡位。

6 依次把卡位 B~E 缝合在卡位 A 上，在里侧封固线头。

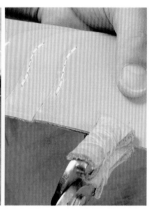

7 然后上胶、粘贴并压紧实。

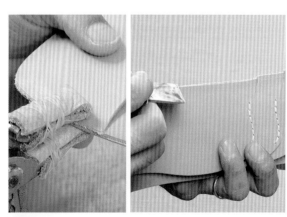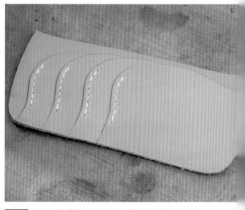

8 接下来粘贴并缝合卡位那侧的两块侧片。卡位和侧片上都要抹黏合剂。

9 粘贴后先压紧实，再修整并打磨边缘。

10 这是修整后的状态，接下来进行缝合。

11 用间距规在离皮边 4mm 处画出缝合基准线，然后把间距规的齿距调为 5mm，在缝合线上压出缝孔的印记。注意，缝孔一定要避开皮革重叠部位的边界线。

12 用菱锥钻出缝孔，注意图中所提示的皮革重叠的边缘处缝孔的位置。

13 先缝合左图所示的那侧。最初的两针双线缝合，最后回缝一针，然后用正面的缝针再回缝一针让针回到背面，在背面封固线头。右图显示的是另一侧的走线方式，最初的两针双线缝合，在皮革重叠的边缘处也要双线缝合。

14 缝合完成后装入塑料袋，用锤子敲击缝线，整理针脚。

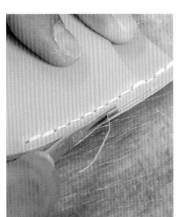

15 最后修整边缘。先对上下边缘进行倒角处理，然后涂上床面处理剂，用布打磨出光泽。

将各部件组装到主体上

1 为了粘得更牢固，要预先把粘贴部位打磨粗糙。

2 然后涂抹黏合剂。先粘贴零钱袋部分。

3 侧片也要抹黏合剂。

4 粘贴时，还是用塑料薄膜隔开，先对齐边缘，从上部开始一点儿一点儿粘贴。

5 粘好后再用工具压紧。

6 因为侧片的存在，圆角处容易裂开，要注意压紧实。

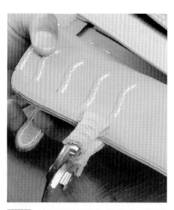

7 接下来粘贴卡位部分。粘贴后也要压紧实。

8 缝合前，先用裁皮刀把粘贴后的边缘修整平整。

9 用间距规画出缝合基准线，再压出缝孔的印记。

POINT

10 注意，原来已经缝合好的侧片的最后一个缝孔，也就是图中菱锥所指的那个缝孔，一定要和下面新压的缝孔印记对齐。

11 用菱锥钻出缝孔。仔细看第二张图，侧片中间一定要塞上垫板再钻孔，以免菱锥穿透相邻皮革的表面。

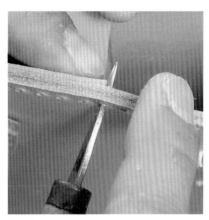

12 打孔时还要注意避开皮革重叠的边缘处。

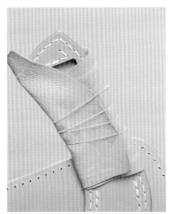

13 缝合前，用保护革包裹扣带，以免扣带被缝针划伤。

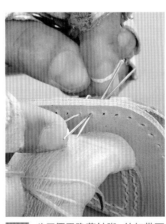

14 为了便于隐藏针脚，从扣带下容易被遮住的部位开始缝合。

15 缝合过程中把握一条基本原则，就是只要碰到皮革重叠的边缘，一律用双线缝合。

16 因为侧片的存在，圆角处的皮革呈分离状态，所以凡是容易裂开的部位都要边缝合边抹胶，以增强牢固程度和耐用性。

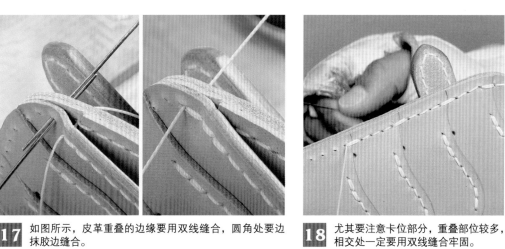

17 如图所示，皮革重叠的边缘要用双线缝合，圆角处要边抹胶边缝合。

18 尤其要注意卡位部分，重叠部位较多，相交处一定要用双线缝合牢固。

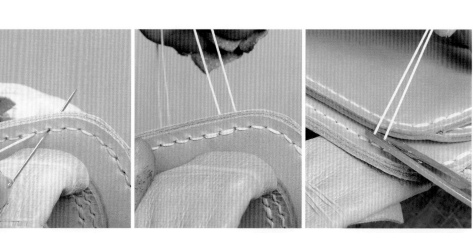

19 缝合到起点时，往前再走一针，然后用皮革表面的针再往前缝一针，这样两根针就都到了背面，轻轻拉紧缝线，贴着皮革剪断。

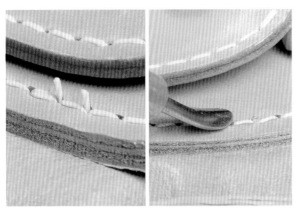
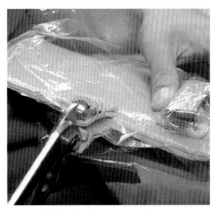

20 用打火机烧熔线头，然后压扁并封固。

21 为了不伤及皮面，套上塑料薄膜后再用工具压或夹，从而使针脚匀称美观。

22 用削边器修整上下边缘。

23 在皮边上涂抹床面处理剂。

24 用布细细打磨，直至磨出光泽。

25 在扣带上打个孔，穿上皮绳，打成装饰结。

26 至此这款皮夹就全部完工了！

手工染色的三折短夹

有时只需改变一下皮革的颜色，就会让皮夹的整体风格大不一样。这款自己动手染色的短夹，绝对能让你感受到市面上的染色皮革所没有的精致感和格调。

①主体
②零钱袋袋身
③零钱袋的袋盖里衬
④扣带
⑤纸币固定皮
⑥⑦零钱袋的侧片
⑧零钱袋的扣环
⑨零钱袋的扣带
⑩纸币夹层
⑪包盖里衬
⑫卡位A
⑬卡位B
⑭卡位C
⑮卡位D

独特的弓箭造型

由帕帕王皮具工房出品的这款皮夹，造型时尚，包盖部分的曲线像一张弓，扣带则像一支箭。内部结构也与众不同，零钱袋巧用了侧片，容量不容小瞧；纸币位则留出一侧不缝合，便于大钞的取放。整体结构简单却功能强大。

这次，让我们从染色工序开始解说，带领大家创作一款富有情趣的作品吧。

成品展示

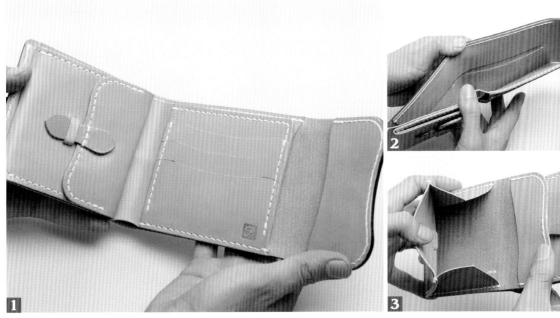

1 内部设计注重实用性。左侧是零钱袋，其里侧也可以放卡，右侧正面是 3 个卡位，其里侧也可以放卡。

2 为了方便取放纸币，卡位右侧没有缝合在主体上，而且创造性地在主体的上部加了一块贴皮来固定纸币，这样就不用担心纸币会冒出来。

3 零钱袋的侧片设计得非常宽，不仅便于零钱的取放，而且容量超级大。

制作者及店铺信息

帕帕王皮具工房
社长　小林彻也

帕帕王皮具工房
地址：东京都世田谷区北泽 4-12-8 鸣川大厦 403
电话：03-5317-0701
网址：http://www.papa-king.com
邮箱：info@papa-king.com

1 2 帕帕王皮具工房不仅制作、销售皮夹，还出售皮包和皮革文具等各种实用皮具。这些皮具均采用上等植鞣革纯手工制作而成，能给消费者带来意料之外的惊喜。植鞣革皮具越用越有味道，极具玩味性，定会让你爱不释手！

纸　型　请放大至 333% 使用

　　这些纸型仅供参考，在实际制作时要根据皮革的材质和厚度做相应的调整。下面给出的纸型的曲线部分和成品不尽相同，大家可以尝试加入自己喜欢的曲线线型，创作出更加靓丽的作品！

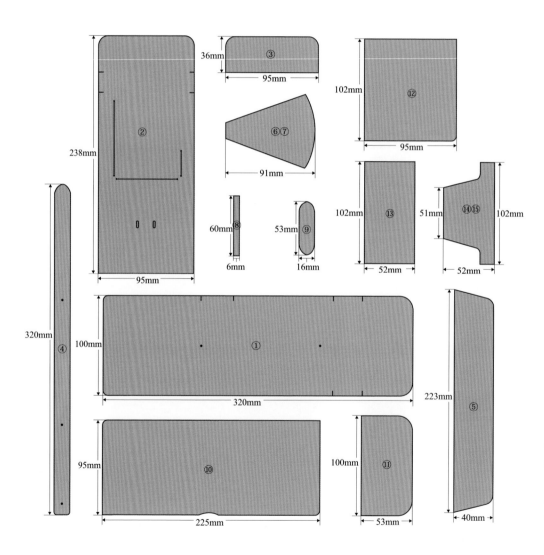

染色和基础处理

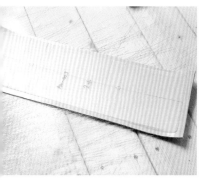

1 首先，根据纸型粗略剪裁出皮夹主体，周边多留出 1cm。

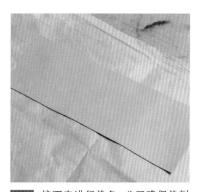

2 接下来进行染色。为了确保染料能够充分渗透到皮革内，把主体放到水中浸湿。

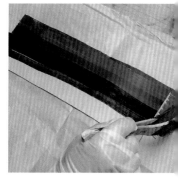

3 用毛刷涂抹染料。先纵向涂刷。

4 如果只朝一个方向涂刷，颜色会不均匀，所以还要横向涂刷，纵向横向反复涂刷数遍。待染料变干后，如果依然有颜色深浅不一的现象，再次上色。

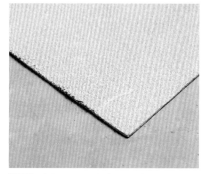

5 皮革浸水后会缩水，染色时染料可能会沾染到肉面的边缘，先粗略裁切再精准裁切能保证最终尺寸精准。待染料干透后进行精裁并用细布等进行抛光处理。

6 为了控制卡位叠放后的厚度，接下来要对重叠部分进行削薄处理。用裁皮刀把卡位 C（部件⑭）和 D（部件⑮）下部 2/3 的肉面削薄。

7 图中颜色变深的部分就是削薄后的肉面。因为精准裁切后的任何切割都可能导致变形，所以这种大面积的削薄工作尤其要在精准裁切前完成。

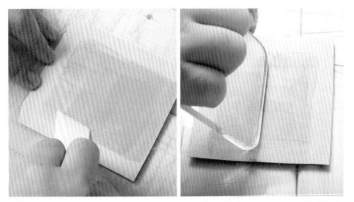

8 接下来处理每个部件的肉面。在粗略裁切的皮革肉面，避开粘贴部位涂抹床面处理剂，用玻璃板打磨光滑。之后就可以按照纸型进行精准裁切了。

9 裁好后，找出组装后不好处理的边缘，即图中红线标出的部位，提前打磨好。

10 在卡位的上部边缘涂抹天然床面处理剂(CMC)，然后用磨边器细细打磨。每个卡位的上部边缘都要如此处理。

11 零钱袋的边缘（袋盖除外）和包体扣带的边缘也要提前处理好。

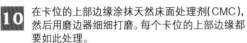

卡位的制作

1 首先将卡位 D 粘贴到卡位 A 上，需要粘贴的部位是两条侧边的顶端部分及底边部分。方法：把卡位 B、C、D 依次叠放在卡位 A 上，确认 D 的位置是否合适。摆好后在卡位 D 的顶边两端和底边两端分别用铁笔做上记号。

2 把底边两端的两个记号用直尺相连，用铁笔描出连线。

3 如图把这条线以及顶边两端的两个记号和皮革底边围成的三条边磨粗糙，并涂上黏合剂。

4 对准刚才做好的记号，把卡位D放回到卡位A上。

5 把其他卡位也重新放回到相应的位置，再次确认没有错位。

6 拿走其他卡位，只留下卡位D。用手指用力按压粘贴部位，再用滚轮来回碾压进行加固。

 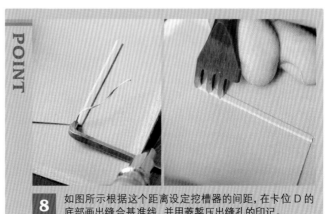

7 接下来缝合卡位D。先用尺子量出卡位D的底边到卡位A底边的距离。

8 如图所示根据这个距离设定挖槽器的间距，在卡位D的底部画出缝合基准线，并用菱錾压出缝孔的印记。

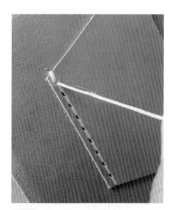

9 对照印记用菱錾打出缝孔。准备一根长度比缝合距离的3倍多出15cm 左右的缝线。为了便于缝线隐藏于沟槽内，这里选用了可以被压平的麻线。

10 从左端开始缝合。为了让缝线不太明显，起针时无须回缝。

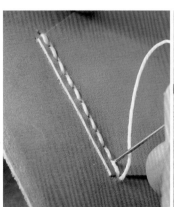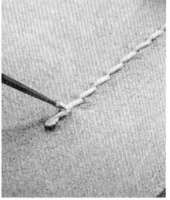

11 缝完最后一个缝孔后，用正面一侧的针回缝一针，在皮革背面剪断缝线，抹上黏合剂封固。

12 用锤子敲击线头，使其和缝线紧密黏合在一起。

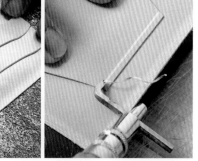

13 接下来粘贴并缝合卡位 C。同样先在底边两端做记号并连线。

14 上胶、粘贴。用滚轮碾压紧实后，用挖槽器挖出缝合沟槽。

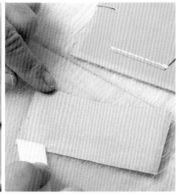

15 依然需准备一根长度比缝合距离的 3 倍再多 15cm 的麻线，按照同样的方法缝合。最后固定并修整线头。接下来粘贴卡位 B。

16 因为卡位 B 是露在外面的，为了保持表面平整，底边粘贴好后在皮革表面覆盖上透明垫板，用滚轮碾压。

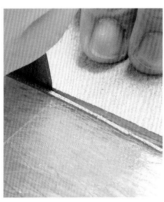
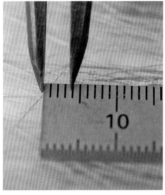
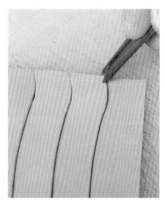

17 现在所有卡位都粘贴好了，检查重叠部分的边缘是否对齐了，将不齐的地方用裁皮刀修理整齐。

18 接下来缝合卡位 B 的底边和所有卡位的侧边。把间距规的间距设为稍小于 4mm。

19 这次从离底边约 1cm 处开始画线，一直画至卡位 D 的顶端。

POINT

20 用菱錾压出缝孔印记。注意，事先测算好，要让相邻卡位的重叠处正好有缝孔出现。

21 按照印记打出缝孔并进行缝合。注意，这次换用更耐磨的尼龙线，起针时第一个针脚要回缝，最后也要回缝一针，然后用正面的缝针再回缝一针，让针回到背面。

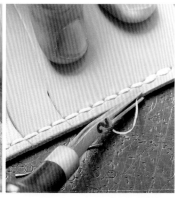

22 在背面剪断线头，用打火机烧熔。

23 随即把线头压扁，固定好。接下来修整边缘，因为以后卡位还要粘到纸币夹层上，所以必须在这个阶段把卡位里外侧的边缘都处理好。先用削边器对重叠部分的上边缘做倒角处理，注意别修得太薄，至少留 5mm 的厚度。

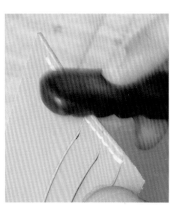

24 然后涂上天然床面处理剂（CMC），用磨边棒仔细打磨光滑。皮边处理好后，接下来粘贴缝合卡位部分与部件⑩（纸币夹层）。先在纸币夹层上放上卡位，沿卡位的左侧两端标记出粘贴部分。

25 把这两个记号和放卡位的一侧组成的"コ"形区域打磨粗糙。

26 在卡位背面和纸币夹层的粘贴部分抹上黏合剂，用手按压。然后覆盖上透明垫板用滚轮来回碾压，将它们粘贴牢固。

27 粘好后，用裁皮刀把粘贴后的边缘切割整齐。

28 用三角研磨器进一步修整。若研磨后起了毛茬，就用裁皮刀修理平整。

29 缝合时只缝尚无缝线的上部和右侧。先画出缝合基准线，注意避开右下方的圆角。

30 用菱錾沿基准线压出缝孔的印记。与缝合左侧时的注意事项相同，事先测算好，要让相邻卡位的重叠处正好有缝孔出现。圆角换用2齿菱錾压印。

POINT

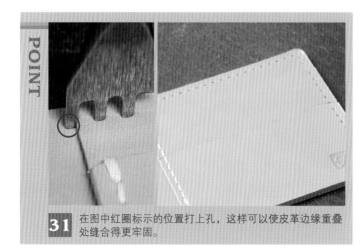

31 在图中红圈标示的位置打上孔，这样可以使皮革边缘重叠处缝合得更牢固。

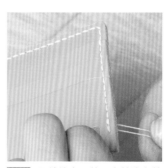

32 开始缝合。第一个针脚和第一处重叠部分（卡位D）要回缝。最后一个缝孔回缝一针，用正面的缝针再回缝一针让针回到背面，在背面封固线头。

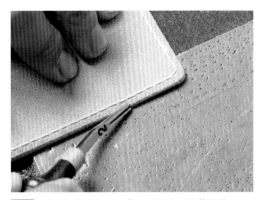

33 然后分别从正面和背面用削边器修整边缘。

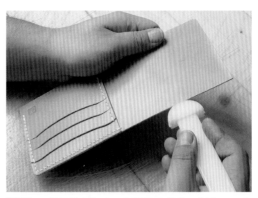

34 修整后进行打磨，顺便把零钱袋那侧的上部边缘也打磨好！

零钱袋的制作

1 零钱袋的袋身需要分别与袋盖里衬、侧片及纸币夹层粘贴，**首先按照纸型标记出各自的粘贴位置**。先把部件③（零钱袋的袋盖里衬）叠放到部件②（零钱袋袋身）的肉面上，如图在两端做好标记。再放上零钱袋的纸型，在肉面上标出侧片的粘贴位置和扣环的安装位置，并按照标记用一字冲打出扣环的安装孔。

2 接着把纸型叠放在零钱袋正面，标出它与纸币夹层的粘贴位置。

3 一共做了6处标记。从正面将这6处标记用直线连起来。

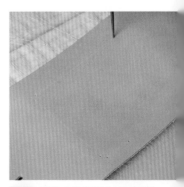

4 在这6处标记上用圆锥钻孔，要钻透。

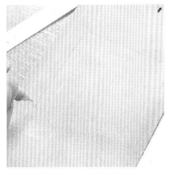

5 翻过来，在背面同样用直线把这 6 处标记连起来。

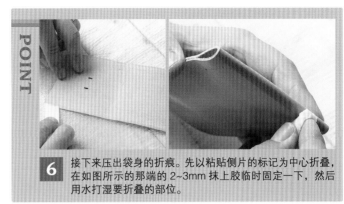

POINT

6 接下来压出袋身的折痕。先以粘贴侧片的标记为中心折叠，在如图所示的那端的 2~3mm 抹上胶临时固定一下，然后用水打湿要折叠的部位。

7 用滚轮碾压出折痕。刚才用水打湿折叠部位是为了防止皮革由于干燥而在碾压时出现裂纹。

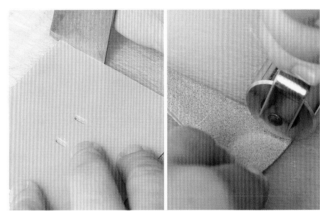

8 压出折痕后，用裁皮刀将折叠在一起的皮革边缘切割整齐。接下来处理侧片。先对折并按压出折痕。

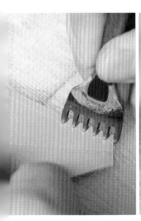

9 在侧片上画出缝合基准线，压出缝孔的印记。然后在对折的状态下，把底边的直角稍稍切割一下，切成锐角。

10 提前标记出零钱袋与纸币夹层的粘贴位置。把折叠后的零钱袋叠放在纸币夹层上，注意往里错开 7mm 左右。

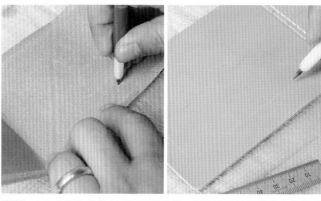

11 在如此叠放的状态下打开零钱袋。用铁笔透过零钱袋上的锥孔在纸币夹层上做上标记，然后拿开零钱袋，把纸币夹层上的记号用直线连起来。

12 接下来缝合侧片。先把侧片粘到零钱袋相应的位置上，用滚轮碾压，使其粘牢固。对侧也如此操作。

13 把左右两侧粘贴好之后将边缘用裁皮刀切割整齐。

14 用菱錾对准刚才压出的印记打出缝孔，然后开始缝合。最初的两个针脚要回缝，最后回缝一针，然后用正面的缝针再回缝一针让针回到背面，在背面封固线头。

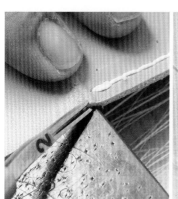

15 剪断线头，封固好，然后从折叠处开始对粘贴了侧片的边缘进行倒角和打磨抛光处理。接下来缝合袋盖里衬。先将袋盖里衬与袋身粘在一起，粘好后覆盖上透明垫板用滚轮碾压紧实。

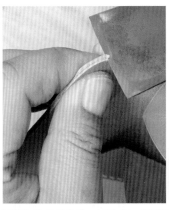

16 粘好后修整一下边缘。然后用间距规沿外圈画出缝合基准线，并用圆锥在基准线的两端做记号，要钻透。

17 翻过来，在皮革表面的两个记号之间同样画出缝合基准线。

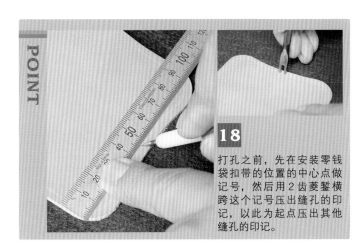

18 打孔之前，先在安装零钱袋扣带的位置的中心点做记号，然后用2齿菱錾横跨这个记号压出缝孔的印记，以此为起点压出其他缝孔的印记。

19 对准印记依次打孔，圆角换用2齿菱錾打孔。

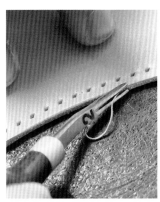

20 接下来要在部件⑨上打孔。打孔前先对安装扣带位置的边缘进行倒角修整。

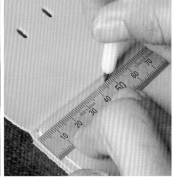

21 然后用磨边棒打磨光滑。为了将扣带安装到正中间，在折痕一侧的中心点上做记号。

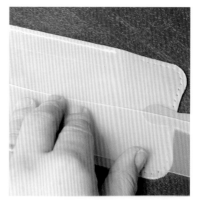

22 把扣带叠放在相应的位置上，在扣带两侧画上标记线，然后抹上黏合剂，先轻轻地粘上。

23 将尺子等工具对准折痕一侧中心点上的记号和扣带顶端的中心点，确认扣带是否粘在正中间。

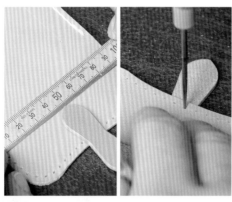

24 调整好位置后，再用工具压合牢固。用圆锥从里侧对准缝孔在扣带上扎上印记。

25 翻过来，对准扣带上的印记用2齿菱錾打孔。至此缝孔都打好了，接下来就可以开始缝合袋盖里衬了。最初的两个针脚以及扣带上的三个针脚都要回缝。缝完最后一个缝孔，回缝一针，然后用正面的缝针再回缝一针让针回到背面。

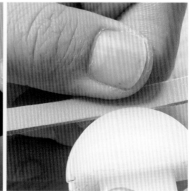

26 在背面剪断缝线，用打火机烧熔、封固线头。然后用削边器修整皮边，再用磨边棒打磨抛光。注意，袋盖里衬和侧片之间那部分的皮边也要做倒角处理并打磨。接下来安装零钱袋的扣环。先要对扣环边缘做倒角修整和打磨抛光。

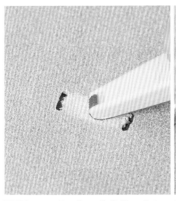 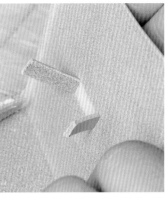 

27 用研磨器把零钱袋背面（肉面）扣环安装孔中间的部位磨粗糙，然后穿上扣环。

28 找一块与扣带厚度相同的边角料，裁成和扣带同宽，放在扣环间，根据皮革的厚度在扣环两侧做标记。

29 把标记线外侧的皮革斜着削薄，然后在粘贴部位的边缘做标记。

30 打开扣环，如图把标记线内侧的皮面磨粗糙，然后合上，在中心线上画上缝合基准线并打上缝孔。

 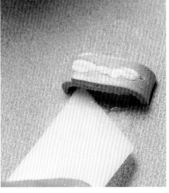 

31 为了控制缝线的厚度，这里选用麻线缝合。每个针脚都要回缝。缝合完成后，在零钱袋肉面扣环内侧的区域抹上黏合剂。

32 翻过来，把刚才的边角料插入扣环，然后翻过去，从肉面压实，使其粘牢固。

33 接下来缝合零钱袋和纸币夹层。先将二者粘贴好，注意在边缘错开7mm。

34 打开零钱袋，在之前画好的基准线上压印并打孔。

35 然后如图所示缝合好。这样，零钱袋就制作完成了。

将各部件组装到主体上

1 首先标记出各部件的粘贴位置。把纸型叠放在主体上，在扣带安装位置的两端做记号，连成直线。然后测量出扣带能遮挡住的主体皮面的宽度，以刚才画出的直线为中心依据这一宽度范围画出两条直线，再把画线的部位和扣带的粘贴部位都磨粗糙。

2 把包盖里衬叠放在主体的相应位置上，如图所示在两端做上记号。

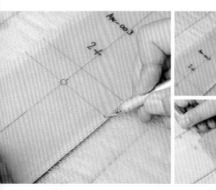

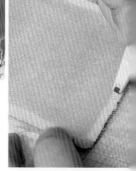

3 把纸型覆盖在主体的肉面上，在纸币固定皮及纸币夹层的粘贴位置做上记号。

4 放上纸币夹层，在主体上标记出纸币夹层两端的位置。然后把主体肉面上的粘贴区域磨粗糙。

5 接下来安装扣带。先把纸型叠放在扣带上，在安装和尚头铆钉的位置做记号。

6 用冲子打出铆钉的安装孔，然后把扣带轻轻地粘贴到主体上。

7 确保扣带的位置是居中的，然后将其压紧，使其粘贴牢固。再把纸型叠放在主体上，标出缝线的起止位置。

POINT

8 把所做的记号用直线连起来，然后压出缝孔印记并对准印记打孔。注意要在主体的肉面也挖出缝线的沟槽，让缝线隐藏在沟槽内，与皮面保持在同一平面，以免将来使用的过程中，在纸币上留下缝线的印记。

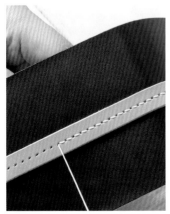

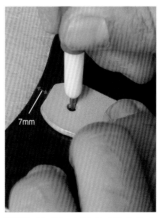

9 开始缝合，最初和最后的两个针脚要回缝。

10 缝好后，将主体按照成品的样子弯折起来，如图所示找出扣带的中心点。

11 然后如图所示对着中心点的位置用铁笔在铆钉的安装孔内做记号。

7mm

12 再次确认刚才做的记号是否在正中间，然后用冲子冲孔。

13 往铆钉的母扣上安装螺丝时，为了防止其歪扭，事先在上面涂上黏合剂。

14 用螺丝刀固定铆钉。先轻轻转上几圈，临时固定住。

15 确认铆钉在中心位置后拧紧螺丝。然后粘贴上里衬并修整边缘。

16 **接下来安装包盖里衬。**先在里衬上画出缝合基准线，如图在基准线的两端用圆锥穿透皮革。翻过来，在主体的正面以刚才穿透的孔洞为基准同样画出缝合基准线。先压出缝孔的印记，再对准印记打出缝孔。

17 开始缝合。缝合完成后，只对主体正面的皮革边缘做倒角修整即可。

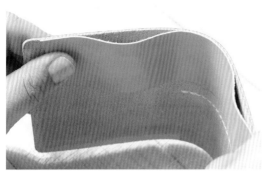

18 接下来安装纸币固定皮。先进行粘贴，注意先对准一侧，在主体弯折的状态下确认另一侧的位置。

19 裁掉多余的部分，再次确认长度，然后打磨裁切后的边缘。修整完成后在主体和纸币固定皮的粘贴部位涂抹黏合剂。

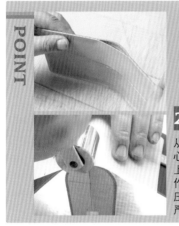

POINT

20 从两端开始向中心粘贴，然后垫上垫板在弧形工作台上用滚轮碾压，使其粘贴得严密、牢固。

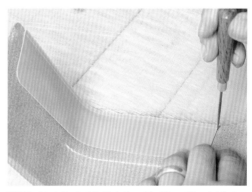

21 粘贴完成后修整边缘，然后如图所示在纸币固定皮一侧画出缝合基准线。接着用圆锥在基准线的两端做记号，要钻透。

22 翻过来，在皮革正面的两个记号之间画出缝合基准线并打出缝孔。弯折处最好放在弧形工作台上打。

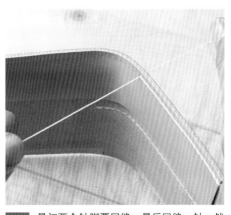

23 最初两个针脚要回缝，最后回缝一针，然后用主体表面的缝针再回缝一针让针回到里侧，在里侧封固线头。

119

24 缝合结束后，用削边器处理缝合后的边缘。注意，这时只对已经染过色的，也就是主体那侧的边缘做倒角修整。

25 接下来给缝合后的边缘染色。用棉棒蘸取染色剂，均匀涂抹在皮边上。

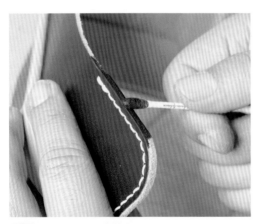

26 包盖部分也要涂抹染色剂。

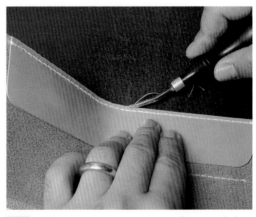

27 待染色剂干燥后，用削边器修整纸币固定皮那侧的边缘。

28 然后用磨边棒细细打磨，直至打磨出光泽。

29 接下来安装纸币夹层部分。把零钱袋那侧的纸币夹层的左边和底边与主体粘贴在一起，用裁皮刀将边缘切割整齐。

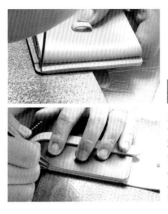

30 用间距规画出缝合基准线，在两端用圆锥做记号并穿透皮面，然后翻过来在皮革正面依照记号也画出缝合基准线。

31 用菱錾压出缝孔印记。注意，先在圆角处用2齿菱錾压出印记，然后以此为起点依次压出缝孔印记。

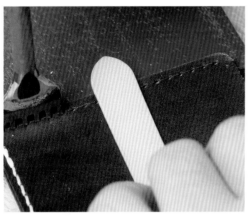

32 对准印记用6齿菱錾在主体的左侧打上缝孔。

33 注意，在主体底边上打孔时，先把零钱袋的侧片展开，然后在纸币夹层与零钱袋之间垫上边角料再打孔，以免菱錾穿透零钱袋伤到侧片。

34 缝合底边时也要如图所示在零钱袋上包上边角料，避免缝针误伤了零钱袋。

35 缝合完成后，用削边器修整边缘。注意，这时仅对已经染过色的，也就是主体那侧的边缘做倒角修整。

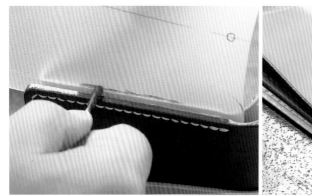

36 然后在缝合后的边缘上均匀涂抹染色剂，待其充分干燥后，再对里侧的边缘进行修整。如果在染色剂没有干透的情况下进行边缘的修整作业，有可能会蹭掉颜色，所以务必等染色剂干了以后再修整。

37 修整完之后再用磨边棒打磨抛光。弧形部位的边缘也要在这个阶段一并处理好，因为一旦将卡位和主体粘贴起来，这部分就很难处理了。

38 接下来安装零钱袋部分。先粘贴零钱袋的侧片。

39 粘贴时，把垫板等物件置于侧片中间，慢慢粘贴。

40 两侧的侧片都粘贴好之后，用滚轮碾压紧实，再画出缝合基准线。在皮革重叠的边界处做上记号。

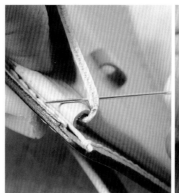

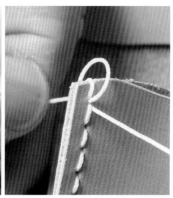

41 以做出的记号为起点压出缝孔印记，继而打出缝孔。

42 在相邻的皮革上包上边角料，从底部开始往上缝合。如图所示，最后要跨过边缘绕上两道缝线，然后用外侧的缝针回缝一针让针回到里侧，在里侧封固线头。

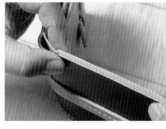

43 另一侧也缝合完成后，叩击缝线整理针脚，然后在边缘上涂抹 CMC，用磨边棒打磨抛光。这样，零钱袋这边就组合完成了。

44 接下来把卡位安装到主体上。这部分比较简单，只粘贴底边就可以了。粘贴好后把边缘切割整齐。

45 画上缝合基准线，在两端用圆锥做记号，要钻透。

46 翻过来，在主体正面用直线把两个记号连起来，然后压出缝孔印记并打出缝孔。

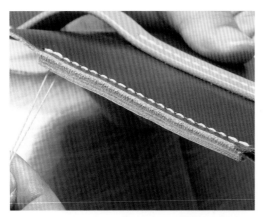

47 开始缝合。最初和最终的两个针脚要回缝，最后在里侧封固线头并用锤子等工具敲击整理。

48 对染过色的边缘做倒角修整。

49 修整后，用棉棒蘸取染色剂均匀涂抹在皮边上，待染色剂充分干燥后修整里侧的边缘，然后涂抹 CMC 并用木质磨边棒打磨抛光。

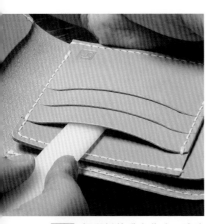

50 把刮板伸进卡位内，清除掉多余的黏合剂，使卡位底部平整。

51 最后，为扣带上的铆钉开孔。先弯折皮夹，使卡位和零钱袋重叠对齐。

52 然后把包盖弯折过来。

53 保持这一状态，把扣带叠放在和尚头铆钉上，用铁笔做记号，然后用直尺确认记号是否在扣带的中心位置。

54 用圆冲冲孔。

55 从背面再冲一下，然后用粗细合适的硬棒把孔洞的内壁打磨平整。

56 如图，在扣带的中线上挨着孔的外侧用铁笔画一条5~6mm长的线。

57 分别从背面和正面在线上用一字扁锥钻孔，然后扣上和尚头铆钉。因皮革有一定的硬度，一开始开合可能比较困难，随着使用次数的增多会越来越顺畅。

58 以上就是全部制作过程。现在，让我们装入卡和纸币体验一下吧！

硬币扣装饰的两折长夹

皮搭扣是一种很难彰显个性的皮夹配件，大家可以选择一个心仪的金属扣，将其置于皮搭扣上，再配以简约的线条，这样更能衬托出金属扣的耀眼之处。

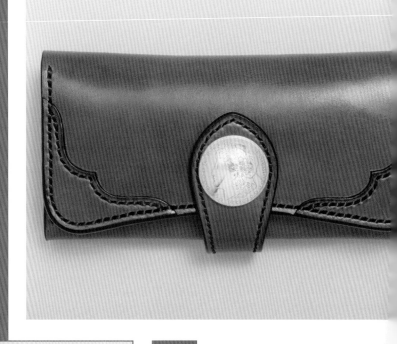

①主体
②零钱袋
③卡位A
④卡位B
⑤卡位C
⑥卡位D
⑦扣带里衬（先粗略裁切）
⑧扣带外皮
⑨⑩装饰皮
⑪卡位E
⑫卡位F
⑬卡位G

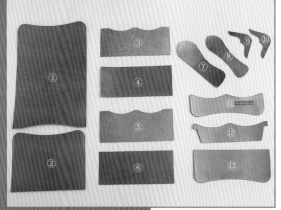

精炼时尚的设计

由驼琉松工房出品的这款皮夹，搭扣位于左右居中的位置，其正中心安装了一个硬币装饰扣，设计精炼时尚，令人难以忘怀。打开钱包，我们可以看到，每一部分的前端都有一条装饰边槽，极富设计感。弯折部位没有缝线，能有效防止磨损和绽裂，这些都是值得推荐的设计亮点。

虽然内部有几处翻折设计，但好在组成部件较少，同样可以轻松完成。

成品展示

1 卡位的正面有 4 个卡位，里侧还可以放多张卡。

2 零钱袋里侧有超大容量的卡位和纸币位，甚至可以收纳银行存折。

3 装饰皮和硬币装饰扣给这款皮夹带来了非一般的时尚感。

制作者及店铺信息

驼琉松工房
社长　松堂勇人

驼琉松工房
地　　址：东京都品川区西大井 1-1-2
电　　话：03-6303-7761
营业时间：10:00~20:00（星期四休息）
邮　　箱：info@taruma-tsu.com

1 2 除皮夹外，驼琉松工房也制作并销售卡包以及笔记本皮套等各种皮具。店中的硬币装饰扣种类非常丰富，告诉我们您喜欢的皮夹款式和装饰扣的样式，我们还可以为您特别定制独一无二的作品！

纸 型 请放大至 333% 使用

　　这些纸型仅供参考，在实际制作时要根据皮革的材质和厚度做相应的调整。希望大家以此为参考，选用不同颜色和厚度的皮革，做出自己的原创作品。

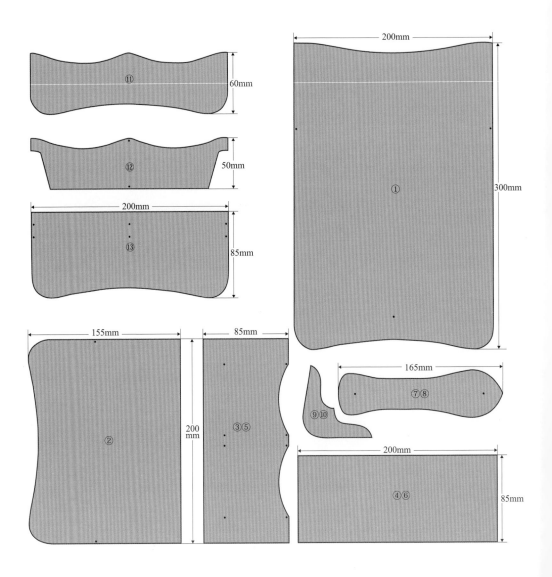

各部件的预处理

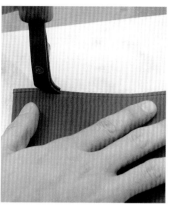

1 用边线器在卡位等部件的上部和扣带的外围画线。

2 然后用削边器修整卡位顶边的边缘。注意，正反两面的边线都要做倒角修整。

3 给修整后的皮边染色。用毛笔蘸取染色剂，均匀涂抹在边缘。

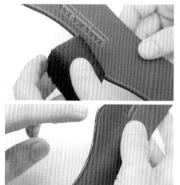

4 用海绵蘸水打湿边缘，再以点叩的方式涂抹床面处理剂。

5 先用毛巾来回擦拭正反两面的皮革边线，再用丝瓜瓤轻轻打磨整个边缘。

129

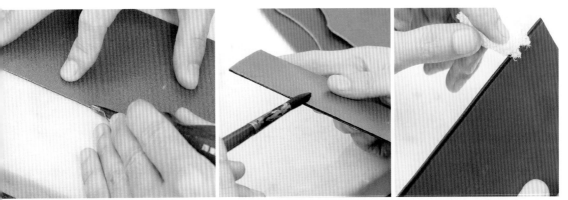

6 位于零钱袋那侧的卡位的顶部边缘也如此处理。先用削边器修整反正两面的边线，然后染色，用海绵打湿后再用毛巾擦磨边线，最后用丝瓜瓤轻轻打磨边缘。

卡位的制作

1 首先标记缝合位置。把纸型叠放在卡位 G 上，在边缘和中间位置做上记号。

2 接下来将卡位 F 粘到卡位 G 上。先把卡位 G 边缘要粘贴的部位磨粗糙，为粘贴做好准备。

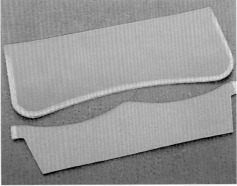

3 如图把卡位 F 的两端也磨粗糙。右图是磨好的卡位 G 和卡位 F。

4 在粘贴部位分别抹上黏合剂，然后把 F 粘贴到 G 相应的位置。

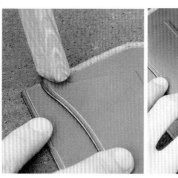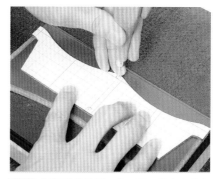

5 用工具敲击、碾压粘贴部位，使其粘牢固。为了防止卡片下滑，要把 F 的底边缝起来。在离 F 的底边 2~3mm 处用边线器画出缝合基准线。

6 把纸型叠放到 F 上，用圆锥在顶边和底边的中心位置做记号。

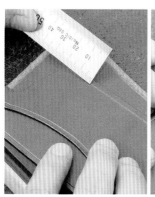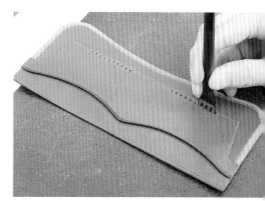

7 在之前画好的缝合基准线上用菱錾压出缝孔印记。注意，每个卡位的两端各留出 2cm 不缝合。

8 对准印记打出缝孔。

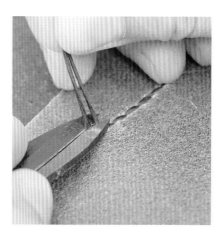

9 选用牛筋线进行缝合。准备足够长的缝线，从右向左缝合，最后回缝两针，然后用正面的针再回缝一针，这样两根针就都位于背面了。

10 挨着皮革剪断缝线。

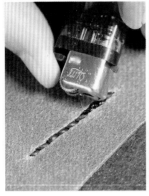  

11 用打火机烧熔、压扁线头，然后用工具敲打、碾压缝线，使针脚匀称、美观。

12 按照同样的方法缝合另一侧。

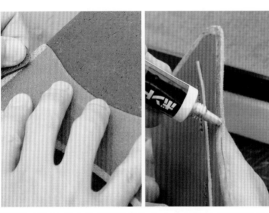 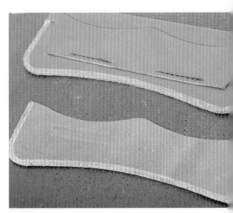

13 接下来将卡位 E 粘到卡位 G 上。先把 E 肉面要粘贴的部位磨粗糙，再涂上胶。

14 在卡位 G 上也涂上胶，把两部分粘贴起来。

  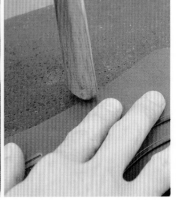

15 确认边缘是否对齐，然后碾压，使其粘牢固。

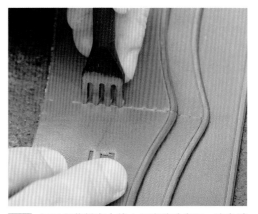

16 把之间在中心位置上做的两个记号用直线连起来。接下来，在卡位 E 的底边上也画出用于防止卡片下滑的缝合线。

17 如图用菱錾在中线上压出缝孔印记，注意避开皮革重叠部位的边界线。

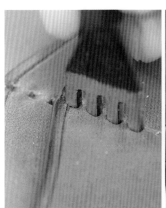

18 打出缝孔。如果皮革重叠部位难以穿透，可以用菱锥辅助钻孔。

19 在底边的缝合线上打出缝孔。

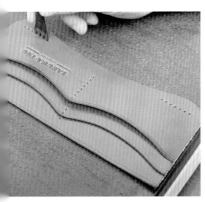

20 底边两侧的缝合线上都要打出缝孔。

21 先缝合中间部位。注意看图，从上边第三个缝孔开始交叉缝合，先回缝两针，也就是对前两个针脚进行双线缝合，然后继续往下缝合下去。

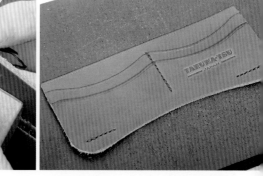

22 注意，卡位 E 和卡位 F 重叠的边缘也要双线缝合。缝完最后一个缝孔，用两侧的针各回缝两针，然后用正面一侧的针再回缝一针，在背面封固线头。

23 然后缝合底边。注意，最后要回缝两针，然后用正面的缝针再回缝一针让正面的针回到背面，在背面封固线头。这样，卡位一侧便制作完成了。

■ 主体部分的装饰

1 首先安装装饰皮。先对装饰皮进行基础处理，用削边器修整上边缘并染色，然后用湿海绵打湿整个边缘。

2 接着用手指以点叩的方式涂抹床面处理剂，再用毛巾擦磨上下边线，最后用丝瓜瓤轻轻打磨整个边缘。

3 处理好边缘后，把装饰皮粘贴到主体上，确认边缘对齐后用铁笔沿着轮廓画线。

4 如图将轮廓线内侧的区域用砂条打磨粗糙。对侧同样如此。

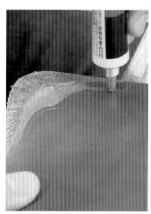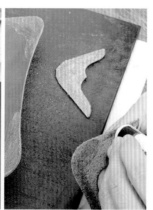

5 在主体和装饰皮上都涂上黏合剂，晾至半干后粘贴起来。

6 确认边缘对齐后用滚轮碾压，使其粘牢固。

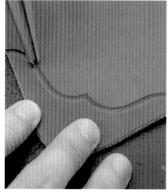

7 然后用间距规在装饰皮上画出缝合线。

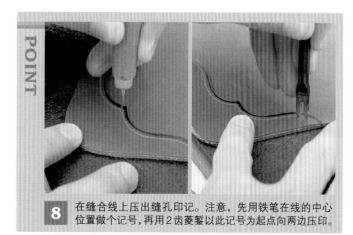

POINT

8 在缝合线上压出缝孔印记。注意，先用铁笔在线的中心位置做个记号，再用2齿菱錾以此记号为起点向两边压印。

135

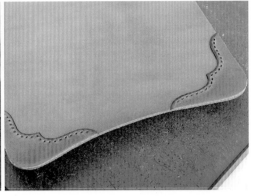

9 因为这部分基本都是曲线，所以选用 2 齿菱錾打孔。右图是打好缝孔后的样子。

10 开始缝合。最初两针双线缝合，最后要回缝两针，然后用正面的缝针再回缝一针让针回到背面，在背面封固线头。

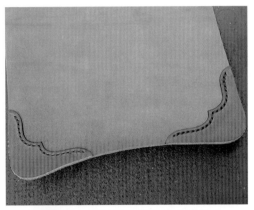

11 按照同样的方法缝合对侧的装饰皮。

12 接下来安装装饰扣的底扣。参考纸型在主体上做出标记并冲孔，用锤子敲入底扣。

13 **接下来修整边缘。**先只对上边缘做倒角修整，之后染色，再用湿海绵打湿整个边缘。

14

用毛巾擦拭打磨边缘，再用丝瓜瓤打磨抛光。这样，主体部分就处理好了。

组装卡位

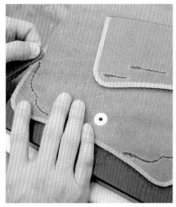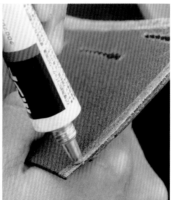

1 首先将先前缝合好的卡位与主体粘贴起来。把粘贴部位用砂纸磨粗糙后抹上胶，稍晾片刻至半干状态，对齐卡位和主体的边缘慢慢粘贴。

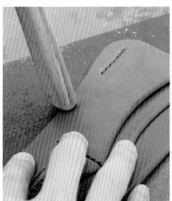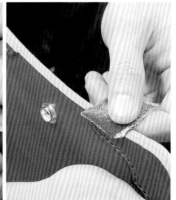

2 用工具敲击、碾压，使两部分粘牢固。用裁皮刀将边缘切割整齐，然后用砂纸打磨。

3 接下来缝合卡位与主体。先用间距规在主体的正面和背面都画出缝合基准线。

4 用圆锥在卡位与主体重叠的边缘、卡位间的结合处钻孔。

5 以这些孔为基准，在缝合线上用菱錾压出缝孔印记，然后对准缝孔印记打孔。

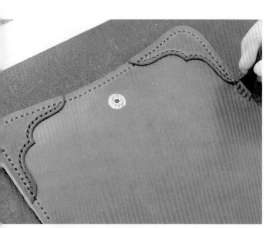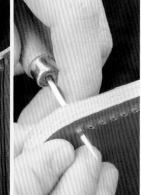

6 遇到皮革重叠的部位，用力多敲打几次菱錾。

7 然后用菱锥将重叠部位的缝孔逐个钻透。

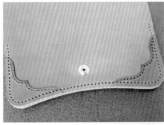

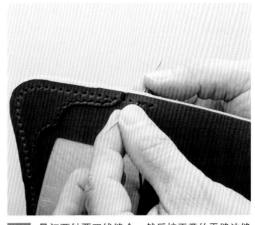

8 这是打好缝孔后的样子。准备一根长度为缝合距离4倍的缝线。

9 最初两针要双线缝合，然后按正常的平缝法缝合下去。

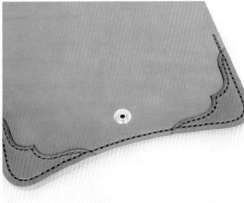

10 最后要回缝两针，然后用正面一侧的针再回缝一针，让针回到背面，在背面剪断缝线进行封固。这样，卡位便组装好了。

零钱袋一侧的制作

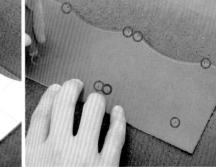

1 首先制作零钱袋一侧的卡位。把卡位A和卡位B侧边要粘贴的部位用砂纸磨粗糙。

2 把纸型叠放在卡位A上，在右图的8个红圈处做记号，然后拿开纸型，用圆锥将记号处钻透。

3 翻过来，如图所示在背面（肉面）把这8个孔连成4条线。然后将卡位 A 叠放在卡位 B 上，两侧用胶带临时固定。

4 用菱錾在这4条线上压出缝孔印记。

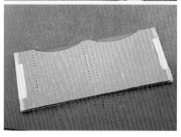

5 然后对准印记打出缝孔。下图是4条线都打好缝孔后的样子。

6 最初两个针脚双线缝合，最后回缝两针，然后用卡位 A 一侧的缝针再回缝一针，这样两根针就都在卡位 B 的肉面，剪断缝线，封固线头。

7 按照同样的方法缝合卡位 C 和卡位 D。

8 把纸型叠放在零钱袋部件上，做出标记。对标记之间（弯曲的那侧）的边缘用削边器进行倒角修整，然后用圆锥在标记处钻孔。

9 翻过来，对背面（肉面）两孔之间的边缘也进行倒角修整。

10 打磨修整过的皮边，然后涂上染色剂，用湿海绵润湿后，先后用毛巾和丝瓜瓤打磨抛光。

11 在肉面把两个孔用直线连起来，以这条线为轴弯折零钱袋部件。

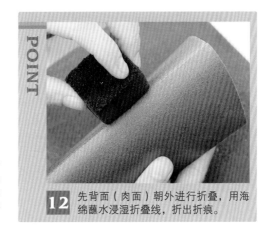

POINT

12 先背面（肉面）朝外进行折叠，用海绵蘸水浸湿折叠线，折出折痕。

13 再正面（粒面）朝外进行折叠，同样用湿海绵打湿折叠处，折出折痕。

14 最后用滚轮用力碾压折痕。

15 接下来缝合刚才组合好的两组卡位。先如图所示把卡位 B 和 C 的一侧分别打磨粗糙、上胶，然后对齐粘贴起来，用钳子等工具夹紧，使其粘贴牢固。

16 对侧也如此粘贴。然后用砂纸打磨边缘。

17 用间距规在粘起来的两侧画出缝合基准线。

18 用菱錾先确定缝孔的位置，然后打出缝孔。

19 最初的两个针脚双线缝合，最后回缝两针，然后用其中一侧的缝针再回缝一针，让两根缝针出现在同一侧，然后封固线头。

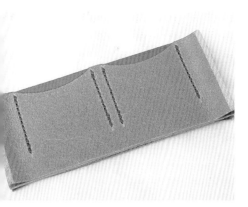

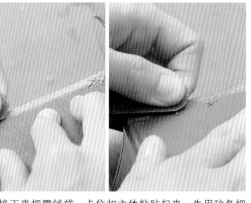

20 按照同样的方法缝合另一侧。这是两侧都缝合好之后的样子。

21 接下来把零钱袋、卡位扣主体粘贴起来。先用砂条把零钱袋正面和背面的粘贴部位磨粗糙。

22 用圆锥在主体正面（粒面）上的标记处钻孔，然后翻过来，在背面（肉面）把孔以下的粘贴部位磨粗糙。

23 在主体和零钱袋上都涂抹上黏合剂。

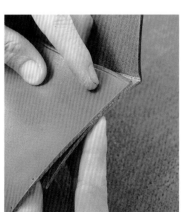

24 然后让主体和零钱袋背面（肉面）相对，对齐边缘，将它们粘贴在一起。

25 接着在零钱袋正面（粒面）刚才已磨粗糙的粘贴部位抹上黏合剂。

26 在卡位 A 的两侧也抹上黏合剂，然后将卡位 A 和零钱袋的边缘对齐粘贴起来，再用钳子夹紧实。

27 这是将零钱袋和卡位都粘贴到主体上之后的样子。

28 接下来开始缝合。先用砂纸打磨粘贴后的边缘。

29 用间距规在主体部分上零钱袋那侧画出缝合基准线。

30 用菱錾在基准线上压出缝孔印记。顺便在主体上以后要缝合卡位 D 的部位也画上基准线并压出缝孔印记。

31 在两侧的缝合基准线上都打出缝孔。

32 开始缝合。最初的两个针脚双线缝合，最后回缝两针，然后用主体一侧的缝针再回缝一针，这样两根针就都在卡位一侧了，然后剪断缝线并封固线头。

33 按照同样的方法缝合另一侧。这样，零钱袋一侧也就制作好了。

扣带的制作

1 首先粘贴扣带外皮和扣带里衬。先在二者的肉面抹上黏合剂。

2 为了粘贴得平整，可以把里衬弯起来，从边缘开始一点儿一点儿将外皮粘贴在里衬上。

3 用刮板按压粘贴好的边缘，使其贴合紧密。

4 粘好后，用美工刀裁掉里衬多余的皮料。

5 用滚轮碾压，使其粘贴得更牢固。最后用裁皮刀把边缘切割整齐。

145

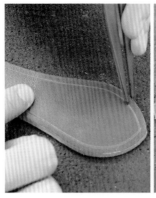

6 接下来缝合扣带。先用间距规在外周画出一圈缝合基准线。然后对照纸型，在扣带根部那侧的中线上做记号，以此记号为中心，如图所示画出一条与底边弧度相同的曲线。这是扣带将要缝合到主体上的区域。

7 用圆锥在扣带顶部缝合基准线的中心点做记号。

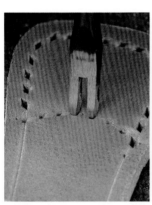

8 从图中所示的中心点两侧开始依次打出缝孔。因为多为曲线部位，建议使用2齿菱錾。

9 开始缝合，最初和最终的两个针脚都要双线缝合。注意根部要与主体缝合在一起，目前暂时就不用缝了。

10 缝好后，用砂纸打磨缝合后的边缘，对上下边线做倒角修整，然后染色并打磨抛光。

11 最后打出安装孔。把纸型叠放在扣带上，确认好安装装饰扣的位置，然后用冲子冲孔即可。

安装扣带

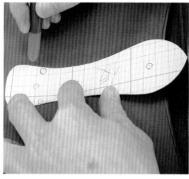

1 首先安装扣带。在主体上找出扣带相应的安装位置并画出来。

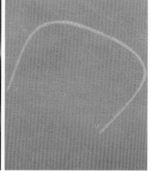

2 把该区域打磨粗糙，抹上黏合剂。

3 把扣带里衬上与此对应的区域也打磨粗糙，抹上黏合剂，然后将扣带粘贴到主体上，用工具碾压紧实。

4 用菱锥将缝孔钻透。

5 开始缝合。记得最后要回缝两针。

6 接下来把零钱袋部分翻折上来，把卡位D粘贴到主体上。在事先已经经过打磨处理的粘贴部位涂上黏合剂。

147

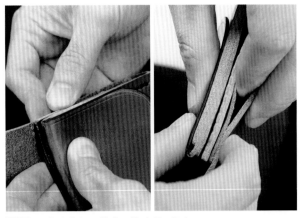

7 对齐边缘仔细粘贴，然后碾压紧实。

8 粘贴好之后，用菱锥把主体上的缝孔印记钻透至卡位 D。

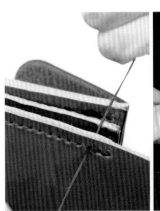
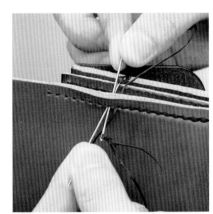

9 开始缝合，最初两个针脚要双线缝合。

10 按照同样的方法缝合另一侧，在里侧封固线头。

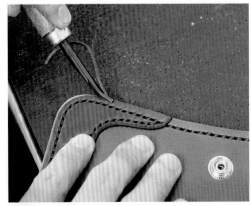
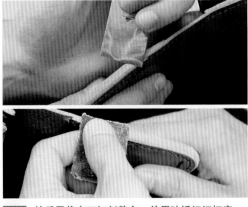

11 接下来修整边缘。先用削边器对上下边线进行倒角修整。

12 然后用裁皮刀切割整齐，并用砂纸细细打磨。

13 接着用毛笔蘸取染色剂均匀涂刷在边缘。

14 用湿海绵浸润边缘，然后点涂上床面处理剂。

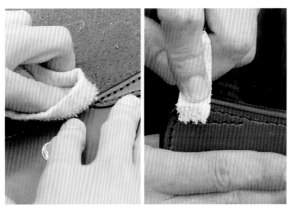

15 再用毛巾擦磨上下两条边线，并用丝瓜瓤打磨整个边缘，直至磨出光泽。

16 接下来在主体表面均匀涂抹滋养油。为了让油分充分渗透到皮革里，静置1小时左右，然后擦掉多余的油。

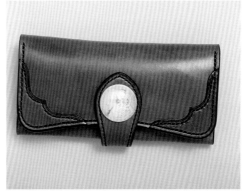

17 最后安装上硬币装饰扣的扣面。

18 这样，一款个性十足的搭扣长皮夹就制作完成了。当然，你可以随自己的喜好选择装饰扣。

精美的两折皮雕短夹

因为是纯手工制作，所以可以刻上纹饰让它成为世界上独一无二的皮夹。让我们一起来尝试制作这样一款皮雕短夹吧！

①雕花主体
②③④⑤卡位1组件
⑥⑦⑧⑨⑩卡位2组件
⑪⑫⑬⑭⑰零钱袋组件
⑮纸币夹层
⑯主体里衬
⑱扣带正面
⑲扣带里衬

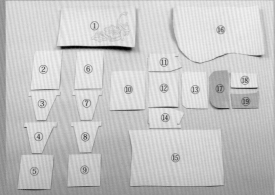

牢记制作流程

这是一款至少可以收纳6张卡片且零钱袋带有侧片的大容量短夹。其表面只有一朵雕花，简约又优雅。配色方面，这款皮夹以褐色皮边搭配原色滑革，简单时尚。

制作流程从下料和雕花工序开始，再到卡位和零钱袋等部件的制作，最后组合成一个完整的皮夹。因为在制作过程中要不断地修整边缘，所以大部分部件一开始都是粗略裁切的。

① 皮雕工艺的采用，使制作者在既定的设计中得以展现自己的个性。也可以把雕花主体的革面染饰成富有韵味的复古风。

② 本款是右手版，皮夹和零钱袋的开合适合善用右手者使用。也可以调换卡位和零钱袋的组装位置，将其变为左手版。

③ 收纳能力强，至少可以放6张卡。

制作者及店铺信息

皮艺坊
社长　宫野菜穗子

皮艺坊
培训地址：宫野皮艺培训（东京都杉并区和泉2-20-3）
电　　话：03-6808-1850
营业时间：13:00~20:00

① 在宫野的培训课上，大家可以自由放飞想象，制作出自己喜爱的作品。当然，也可以从制作模板中挑选自己想尝试的款式来制作。大家可以上一堂体验课，了解一下宫野皮艺培训的特色和风格。

② 大家可以在公司主页上购买宫野社长的作品。

这些纸型仅供参考，在实际制作时要根据皮革的材质和厚度做相应的调整。大家可以改换唐草花型，也可以变换内部构造。总之，放飞自己的想象创作出个性十足的作品吧！

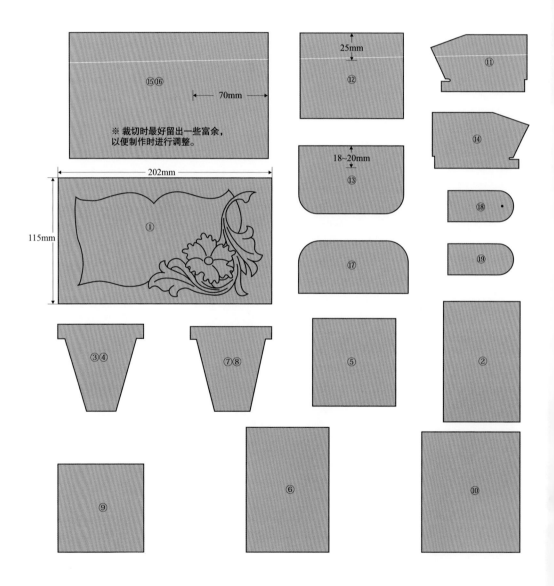

雕花主体的制作

1 选用 1.5mm 厚的德国进口植鞣革。按照纸型粗略裁切出主体的皮料。

2 为了绘出大小合适的皮雕图案，先在绘图纸上按照纸型描画出主体的轮廓。

3 根据自己的想象和创意，在轮廓线内的区域内绘图。

4 蒙上描图纸，将图案拓到描图纸上。

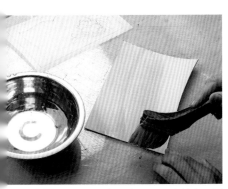

5 用水润湿皮革表面。用毛刷来回刷两次，注意观察皮革表面颜色的深浅，控制好湿度，过于干燥不好雕刻，过于湿润则不易留下雕刻的痕迹。

6 把描图纸放在适度润湿的皮革表面，用镇纸压住，然后用铁笔仔细描图。

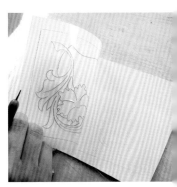

7 掀开描图纸，核查一下皮革表面的图案线条有无遗漏。

153

8 磨旋转刻刀。注意，磨的时候一定要在磨刀石上抹上磨刀膏。

POINT

9 皮革一旦干燥就很难雕刻了，所以要不时地用水适度润湿。

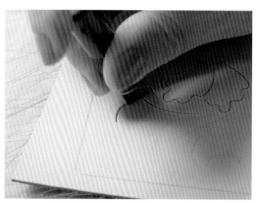

10 从图案的主体——花朵开始雕刻。雕刻时把握一条基本原则，就是刀刃要深入浅出。

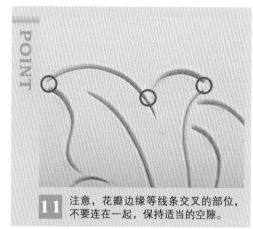

POINT

11 注意，花瓣边缘等线条交叉的部位，不要连在一起，保持适当的空隙。

12

使用旋转刻刀时，让刀刃面向执刀者，切入皮革 1/3~1/2 的深度，向着执刀者刻绘线条，一般从花草的顶端开始向内侧雕刻，注意让线条保持流畅并要有粗细变化，有时要用左手拉住皮革的一端，配合曲度旋转，才能刻绘出灵动的曲线。

13 用拇指印花工具 SKP468 在花瓣、茎和叶上压出阴影。从花瓣的顶端向花蕊方向稍带弧形地压，这样更能表现花朵盛开的状态。一开始力道要大，然后慢慢减小，从而营造出深浅不一的立体感。

14 用装饰印花工具 C429 和 C431 在茎和叶子上压出放射性花纹。不用担心，茎的边缘露出的纹路会被后面压出的网纹遮盖住。

15 用浮雕印花工具 SKB050 如图所示敲打花瓣边缘凹进去的刀线，营造高低差，制造立体感。

155

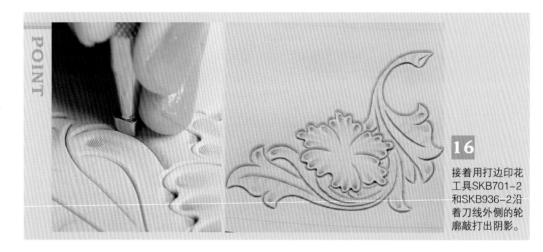

16

接着用打边印花
工具SKB701-2
和SKB936-2沿
着刀线外侧的轮
廓敲打出阴影。

17

在花瓣的中心
位置用花蕊印
花工具 SKJ564
或 SFP-2 敲打
出花蕊。先轻
轻按压出印记，
确认位置无误
后再用力敲击。

18

用拇指印花工
具 SKP861 在
花蕊周围敲打
出放射状纹路，
最好把工具后
端抬起来一点
儿将前端插进
花蕊外圈的凹
槽里，但是要
注意不要压到
花蕊。

19

在第16步中打出的轮廓及阴影如果不明显了，再次用打边印花工具敲打修整。

20

用装饰印花工具中的协进BK55或341从花蕊向着花瓣边缘的方向敲打出放射纹，注意把控力道和间隔，营造出渐隐渐逝的效果，栩栩如生地表现出花瓣展开的纹路。

21

最后用叶脉印花工具SKV463在花瓣的分界线上对着花蕊敲打出齿印。这样，花朵部分的刻印就完成了。

157

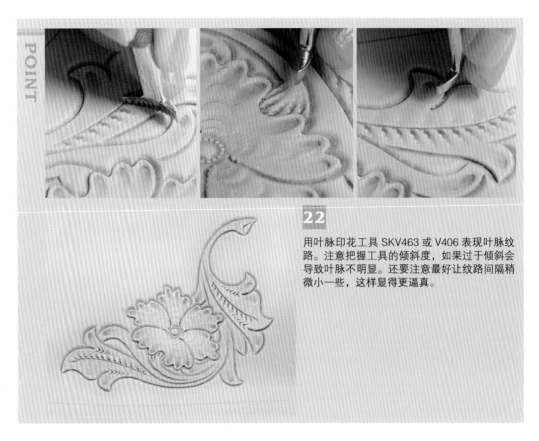

22 用叶脉印花工具 SKV463 或 V406 表现叶脉纹路。注意把握工具的倾斜度，如果过于倾斜会导致叶脉不明显。还要注意最好让纹路间隔稍微小一些，这样显得更逼真。

23 用装饰辅助印花工具 N363 敲打出花蕾，用种子印花工具 S705 打出花托下方的种子，用 U 系列的印花工具敲打出花托下的茎及一些大的分叉，用背景印花工具 A104 敲打出背景。

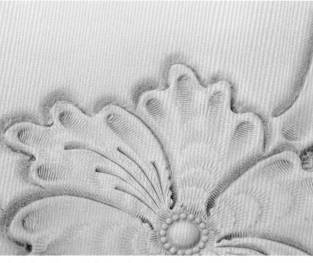

24 最后用刻刀刻绘装饰线条，让图案更加丰富生动。装饰线条没有固定的位置和式样，全凭制作者根据自己的感觉和喜好自由发挥，最终完成细节修饰。

25

从绘图到刻绘出基本轮廓，再到用各种印花工具敲打出纹路脉络，逐步雕绘出一幅立体生动的图案，最后还要进行最终修饰。至此雕花主体就制作完成了。

各部件的裁切和基础处理

1 把各部件的纸型叠放在皮革上，画出裁切线。

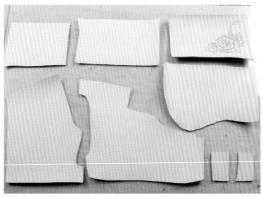

2 在裁切线之外粗略裁切各部件。

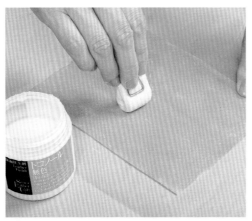

3 除主体（部件①）、主体里衬（部件⑯）和纸币夹层（部件⑮）之外，在其他部件的肉面涂上处理剂，注意不要沾染到皮革正面。

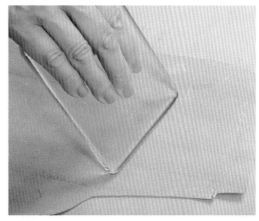

4 用玻璃板打磨肉面，改善粗糙状态。

5 在裁切线夹角处冲孔，注意孔要冲在部件外侧（将要废弃的皮革上），不要伤及皮夹的各部件。

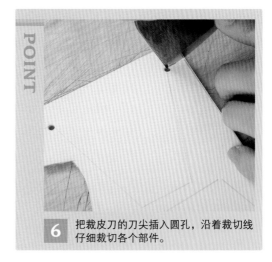

POINT

6 把裁皮刀的刀尖插入圆孔，沿着裁切线仔细裁切各个部件。

主体里衬的折边

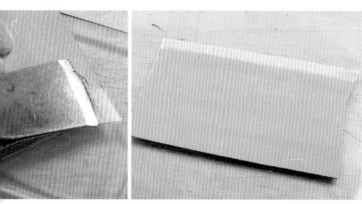

1 如图用裁皮刀把主体里衬（部件⑯）的顶边边缘削薄大约 1.5cm 宽的地方。

2 在下面垫上纸，然后在削薄的地方涂抹黏合剂。

3 将削薄的地方对折，用滚轮碾压平整。右图是折边完成的样子。

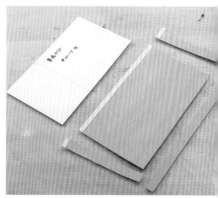

4 把纸型扣在部件⑯上，按照实际尺寸画出切割线，用尺子比着精准地切割掉多余的皮革。

5 这是裁切完成的样子。

1 首先标记出重叠位置。在卡位最里层皮革（部件②及部件⑥）下部画线，分别画在离底边20mm处及18mm处。

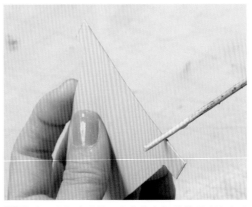

2 接下来打磨边缘。在卡位各组件的顶边涂上天然床面处理剂（CMC），然后打磨出光泽。

3 接下来粘贴并缝合各个卡位。在卡位最外层皮革肉面的侧边和底边涂抹黏合剂。

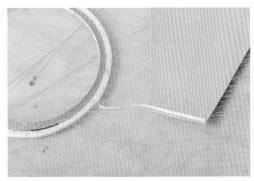

4 在卡位中间两层组件的底边贴上双面胶带。

5 因为等黏合剂干了才能进行粘贴，所以提前在各组件的粘贴部位抹上黏合剂，一定要涂抹均匀，以防粘贴时出现溢胶现象。如图所示，所有红线标出的位置都要涂抹黏合剂。

6 对准之前画出的标记线，把中间两层组件分别粘到最里层的皮革上，中间两层组件的两端也要粘贴上，然后切掉两端多余的部分。

7 把间距规的间距设为 3mm，在中间两层组件的底边上画上缝合基准线。

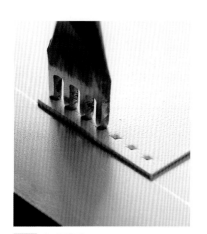

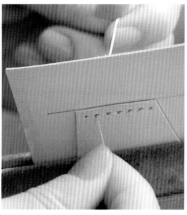

8 打出缝孔。

9 与里层部件缝合起来，最后在位于中间的部件的粒面封固线头。

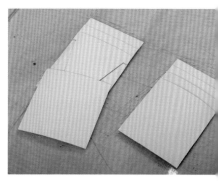

10 压扁线头，使其和针脚牢固结合在一起，以免以后使用时卡住放入的卡。

11 按照同样的方法组装另一侧的卡位。

12 这是两侧卡位都缝好后的样子，可以看出最外层部件的尺寸稍有不同。

13 按照已经精准裁切过的最里层皮革的尺寸切割卡位组件的侧边。

14 把最外层部件叠放到相应位置上，按照最里层皮革的尺寸进行切割。

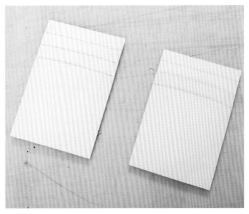

15 把裁切完成的两块最外层部件分别粘贴到各自相应的位置上。

16 在卡位组件内侧的侧边上画出缝合基准线。

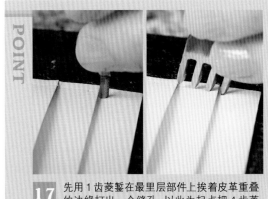

POINT

17 先用1齿菱錾在最里层部件上挨着皮革重叠的边缘打出一个缝孔，以此为起点把4齿菱錾的第一根菱齿插入这个缝孔，依次打孔。

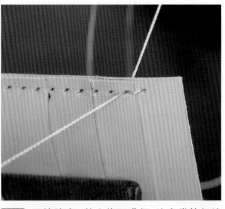

18 开始缝合。从上往下进行，注意掌控好缝线的松紧度。

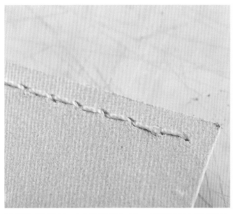

19 最后用正面的缝针回缝一针让针回到背面，剪断缝线，留 1mm 长的线头，用打火机烧熔，再压扁、封固。

20 这是一侧缝合完成的样子。

21 接下来修整边缘。先用削边器对边缘进行倒角修整。

22 为进行抛光处理，提前用毛刷打湿边缘。

23 然后用磨边棒等工具打磨抛光。

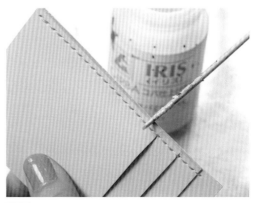

24 最后涂上封边剂进行修饰。

25 接下来组合卡位 1 和卡位 2。先将卡位 2 粘贴到部件⑩上。

26 然后把间距规的间距调为 3mm，在卡位的外侧边和上下边画出缝合基准线。

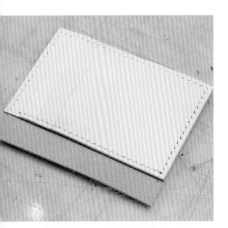

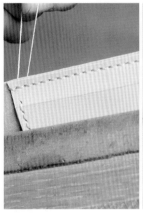

27 沿着缝合基准线打出缝孔。

28 从底边开始缝合，第一个针脚要双线缝合，缝完最后一个缝孔后回缝一针，用正面的缝针再回缝一针，在背面封固线头。

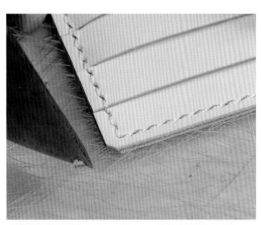

29 碾压缝线，使针脚匀称、美观。

30 缝好后处理一下边缘。先把外侧的两个直角切掉。

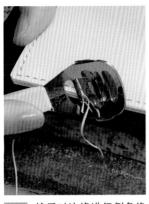

31 然后对边缘进行倒角修整，并打磨、抛光。

32 再用棉棒蘸取褐色的染色剂均匀涂抹在边缘。

POINT

33 晾至干燥。注意在晾的过程中不要碰到染过色的边缘，以免出现染色不均的现象。

34 待染色剂充分干燥后，再次打磨抛光。

35 将另一组卡位的肉面和卡位2的肉面重叠7mm粘贴在一起。

36 在重叠部位画出缝合基准线并打出缝孔。

37 缝合起来。

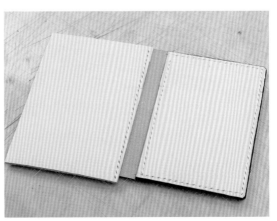

38 这是卡位1和卡位2缝合在一起的状态。这样，卡位就制作完成了。

零钱袋的制作

1 首先将有翻盖的零件袋部件与侧片粘贴缝合起来。在零钱袋翻盖的肉面贴上双面胶带。

2 把两部分粘贴起来，两部分之间相差2cm。

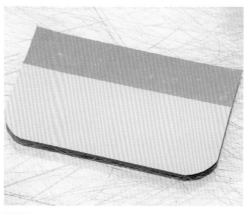

3 粘好后沿着之前画好的裁切线切割整齐。

4 如图所示在离未粘贴的长边7mm处粘贴侧片。

5 按照同样的方法粘贴另一侧的侧片。

6 如图在翻盖上标出第一个缝孔的位置。

7 将间距规的间距设为3mm，画出三条缝合基准线。

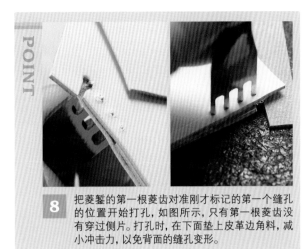

8 把菱錾的第一根菱齿对准刚才标记的第一个缝孔的位置开始打孔，如图所示，只有第一根菱齿没有穿过侧片。打孔时，在下面垫上皮革边角料，减小冲击力，以免背面的缝孔变形。

9 圆角部分换用2齿菱錾。

10 最后用1齿菱錾调节缝孔与边缘的距离。

11 从一侧的顶端开始缝合，最后回缝一针，然后用正面的缝针再回缝一针让针回到侧片一侧。

12 在侧片一侧剪断缝线，封固线头。这是缝好后的样子。

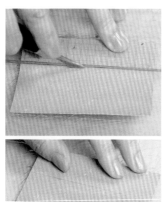

13 接下来粘贴缝合翻盖对侧的部件。先如图在肉面画出 5cm 宽的区域， 在上面涂上黏合剂。

14 然后把这一区域对折粘贴在一起，形成 2.5cm 宽的折边。

15 用滚轮碾压折边部分,使其粘贴牢固。

16 将其与两侧的侧片分别粘贴在一起,用裁皮刀将粘贴后的边缘切割整齐。

POINT

17 保持粘贴状态画出缝合基准线,打出缝孔。注意, 最后一个缝孔在重叠边缘的外侧。

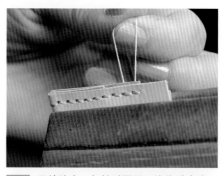

18 开始缝合,起针时要用双线绕过皮边,最后回缝一针,然后用正面的缝针再回缝一针让针回到侧片一侧,然后剪断缝线、封固线头。

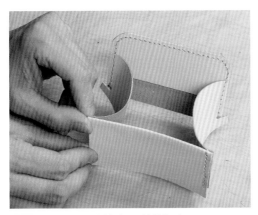

19 另一侧也如此粘贴、画线并打孔。

20 起针时双线绕过皮边,收针时先回缝一针,然后用正面的缝针再回缝一针让针回到侧片一侧。

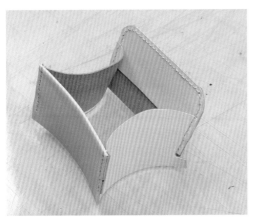

21 这是组合完成的零钱袋。

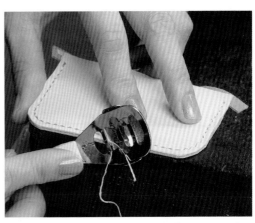

22 最后,对缝合后的边缘进行修整。先对上下边线进行倒角修整。

23 浸湿皮边,再用磨边棒打磨抛光。

24 如图所示,最后用褐色的染色剂上色。

各部件的缝制组合

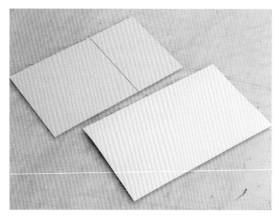

1 在距离纸币夹层一侧的短边 70mm 处画出零钱袋的缝合位置。

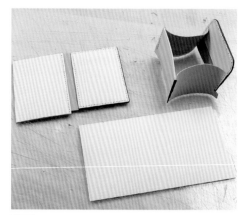

2 图中分别是组装好的卡位、零钱袋以及纸币夹层。下面要把卡位和零钱袋粘贴缝合到纸币夹层上。

3 首先安装零钱袋。在零钱袋上贴上双面胶带，对齐纸币夹层上的标记将它粘贴到相应的位置。

4 在零钱袋的肉面画出缝合基准线。

5 如图用1齿菱錾挨着零钱袋在纸币夹层上打出缝孔，然后以此为起点在缝合基准线上打出缝孔，最后再次用1齿菱錾挨着零钱袋在纸币夹层上打出缝孔。

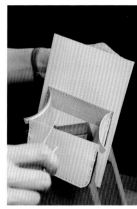
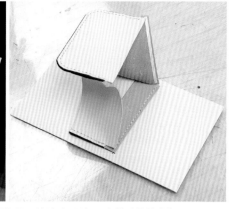

6 这是打好缝孔的样子。

7 开始缝合，最初和最后都要双线缝合，以加固皮革重叠的边缘。

8 折叠零钱袋，确认最终的安装位置。

9 在纸币夹层粘贴零钱袋的侧边和底边上涂抹黏合剂。

10 粘贴零钱袋。

11 注意对齐边缘仔细粘贴，不要有任何错位。

12 用工具按压粘贴部位，使其粘贴牢固。注意不要擦伤皮面。

13 接下来粘贴并缝合卡位。同样先在纸币夹层粘贴卡位的侧边和底边上涂抹黏合剂。

14 在卡位的粘贴部位也涂上黏合剂。

15 对齐边缘，仔细粘贴。

16 用裁皮刀把粘贴后的边缘切割整齐。

17 在纸币夹层的顶边用间距为 3mm 的间距规画出缝合基准线，打出缝孔。

18 为了便于双线缝合以加固皮革重叠的边缘，在卡位 1 的外侧用 1 齿菱錾打出缝孔。

174

19 注意，在卡位1上打出的缝孔，要穿透纸币夹层。

20 用4齿菱錾对准纸币夹层上的缝孔向着零钱袋一侧持续打孔。

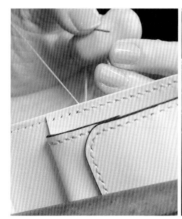

21 最后换用2齿菱錾，以调节最末端的缝孔与边缘的距离。

22 从零钱袋一侧向着卡位方向缝合。

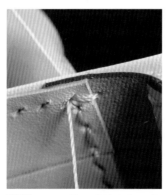
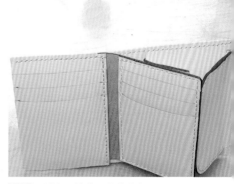

23 缝到与卡位1重叠的边缘部位时，要双线缝合。

24 而且要拉紧缝线缝牢固，但是也要注意力道，不能太紧以免皮革起皱。

25 这样，零钱袋和卡位就组装好了。

最终的缝合

1 首先粘贴扣带的里外层。先准备好制作扣带的两块皮料。

2 同时准备好主体里衬的皮料，把纸型叠放在上面，画出裁切线。

3 粘贴主体里衬时最好选用树脂胶。这种皮革专用黏合剂能使皮革保持柔软。

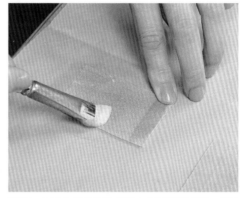

4 皮具弯折的部位最适合用树脂胶粘贴，所以在扣带上也涂上这种皮革专用黏合剂。

5 等黏合剂干至不粘手的状态，将扣带的两块皮料粘贴在一起。

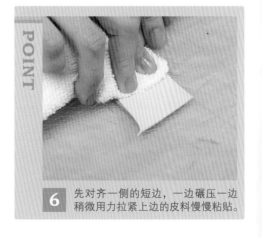

POINT

6 先对齐一侧的短边，一边碾压一边稍微用力拉紧上边的皮料慢慢粘贴。

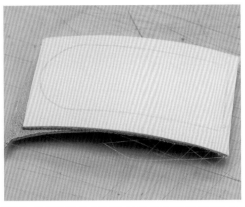

7 这是粘贴完成的样子，可以看到扣带轻微往内侧弯曲。

8 接下来粘贴雕花主体和主体里衬，同样也要刻意粘贴出往里微微弯曲的状态。

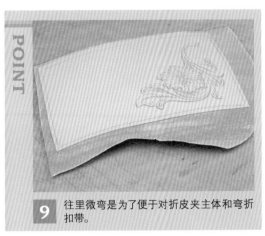

POINT

9 往里微弯是为了便于对折皮夹主体和弯折扣带。

10 按照纸型精准裁切雕花主体。

11 接下来完成扣带的制作。先对扣带进行精准裁切。

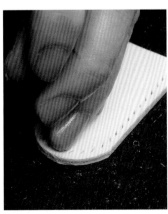

12 沿着扣带的外缘画出缝合基准线，打出缝孔，曲线部分换用2齿菱錾。

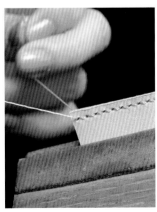

13 缝合扣带。

14 进行倒角修整并打磨抛光边缘后，用棉棒均匀涂抹上褐色的染色剂。

15 把间距规的间距设为 3mm，在雕花主体的外缘画出缝合基准线。

16 在夹角用 1 齿菱錾打出一个缝孔，以此为起点用 4 齿菱錾打出缝孔，注意调整好缝孔的间距。

17 这是雕花主体的 4 条边打好缝孔的样子。可以看到 4 个角都有 1 齿菱錾单独打出的一个缝孔，这是为了便于调整缝孔的间距。

18 安装扣带之前要先修整边缘。

19 主体 4 条边的上下边线都要用削边器进行倒角修整。

POINT

20 把卡位和零钱袋的组合体叠放在主体里衬上，在零钱袋一侧做标记。

21 弯折处纸币夹层和主体是不缝合在一起的。

22 然后，只把主体不与内侧部件缝合在一起的这一小段染成褐色。

23

接下来在零钱袋上安装四合扣。把纸型覆盖到零钱袋的翻盖上，标出四合扣母扣的安装位置，然后用 15 号圆冲冲孔。

24 为了不伤及其他部件的皮面，在零钱袋中塞入橡胶板。标出四合扣公扣的安装位置，用 8 号圆冲冲孔。

25

用专用安装工具安装中号弹簧四合扣。

26 为了开合顺畅、持久耐用，如图所示把四合扣母扣的弹簧调整为垂直于开合方向。

27 这样，零钱袋一侧的组装就完成了，最后确认一下开合是否顺畅。

28 接下来，在主体上安装扣带。在主体安装扣带的侧边上离边缘7mm处画出一条线，在这条线的中点做记号。然后找出扣带底边上的中点。

29 在主体与扣带的粘贴位置涂上黏合剂，对准两条边的中点粘贴起来。

30 在安装前，要修整一下零钱袋这侧要插入扣带的边缘。先用水打湿再用磨边棒打磨抛光。

31 然后上色，注意不要沾染到皮革正面（粒面）和背面（肉面）。

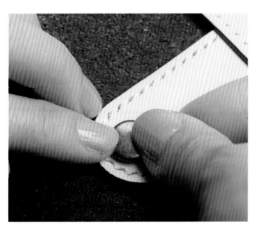

32 确认扣带上安装弹簧四合扣母扣的位置。

33 用15号圆冲冲孔。

34 选用大号的弹簧四合扣，注意将弹簧调整为垂直于开合方向。

35 用专用安装工具固定四合扣。

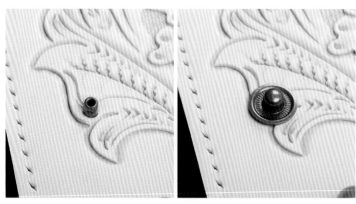

36 确认主体上四合扣公扣的安装位置，然后用圆冲冲孔。

37 从背面穿入公扣的长脚，再从正面套上公扣的另一部分。

38 用专用安装工具固定。

39 这是在主体上安装好弹簧四合扣的样子。

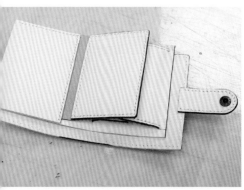

40 接下来组装主体和内侧部件。

41 翻过来，让部件⑮的肉面朝上，如图在卡位一侧的侧边和底边贴上双面胶带，在零钱袋一侧的侧边和底边抹上黏合剂。

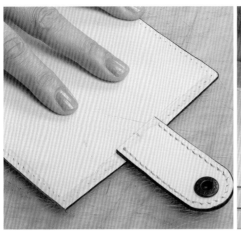

42

先粘贴卡位一侧,然后用圆锥从主体正面将已经打好的缝孔逐个钻透。

POINT

43

皮革重叠的部位,可以换用便于垂直用力的1齿菱錾。

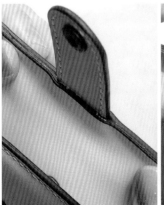

44 接下来粘贴零钱袋一侧装有扣带的侧边和底边。

45 粘贴好之后,用圆锥从主体正面逐个钻透已打好的缝孔。

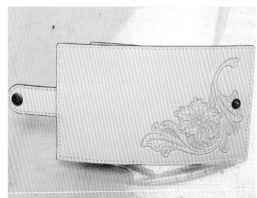

46 一定要确保菱锥穿透了纸币夹层。

47 这是钻透缝孔后的样子，内外都有清晰的菱孔，而且因为是以左右两端的夹角为基准开始打孔的，所以无论横看还是竖看，所有缝孔间都匀称且美观。

48 内侧部件比外侧稍矮，内侧的长度也比外侧短了1cm多。

49 接下来，进行最后的缝合。从零钱袋一侧的顶端开始。

50 缝合到零钱袋底边里侧时，皮革重叠的边界要双线缝合，注意，再往下就只有主体上需要走线了。

51 继续在主体上走线，一直到卡位底边的里侧，注意，这时又要开始连带内侧一起缝合了。

52 卡位里侧皮革重叠的边界也要双线缝合。

53 双线缝合起加固作用，可以防止绽线和皮层开裂。

54 缝合到卡位1的顶端时，缝线要环绕顶端的皮边。

55 而且要环绕两次，即需要双线缝合，以确保牢固。

56 继续在主体上走线，最后回缝三针，再封固线头。

57 最后，修理边缘并保养皮面。先切掉四个直角并进行修整。

58 把两侧的短边用裁皮刀切割整齐，视修整的情况而定，原来染过色的皮边或许还要再次染色。

59 打磨皮边后染上颜色，注意不要沾染到雕过花的皮革正面。

60 最后用滋养膏或打蜡剂修饰皮革正面。至此，皮夹全部制作完成！

手工皮夹作品集

下面将为大家展示一些风格迥异的皮夹。其中有些现代时尚，有些充满复古机车风，有些还融入了皮雕元素。每个品牌都展示了各自创意独特、个性十足的作品。琳琅满目的各种款式，一定会给你的创作带来灵感！

BA 三折短夹　原色 / 手缝

款式时尚，零钱袋、卡位和纸币位齐备。

BA 三折长夹　手缝 / 手工染色

兼具设计感和实用性。

Wrap 手包（红色）　手缝

存折也可以轻松收纳进去，配备可拆卸肩带。

Wrap 手包（墨绿色）　手缝

口袋和夹层多，最大的亮点是其雅致的颜色。

CR 长夹　原色 / 手缝

外观简约，功能强大。

CR 短夹　原色 / 手缝

可以放进裤兜，小巧且实用。

长夹 V-3

不使用任何金属配件，采用
原创插扣的机车风皮夹。

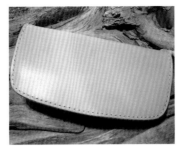

长夹 V-4

不仅可以装纸币和零钱，还备有多个
卡位。

长夹 V

采用了皮绳缠绕主体部分两周的原创
皮扣。

长夹 V（外皮为黑色）

只有外皮染饰成黑色的特别
定制款机车风皮夹。

短夹 V-2

长夹 V-3 的缩小版，沿用了同样的
设计和内部构造。

迷你皮夹

采用了该品牌原创插扣的个性小皮夹。

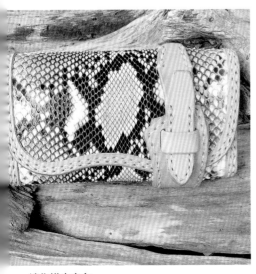

迷你蟒皮皮夹

钻石蟒皮制成的小皮夹，表面的花纹独一独二，
像钻石一样熠熠生辉。

猎鹰系列 W 长夹　黑色 / 原色

驼琉松牌经典长夹，采用了该品牌原创的银币装饰扣。

多部件组合皮夹　黑色Ⅱ（左）/褐黑双色Ⅱ（右）

骑士风长夹。深棕色的扣带搭配银色的硬币装饰扣，显得高档时尚。

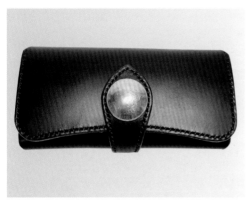

搭扣长夹　黑色

扣带设计在主体部分中央，外观简单大气，中心以银色的硬币扣为点睛装饰，适用于各种场合。

镶边搭扣长夹　深浅褐色

边角镶嵌装饰皮，别致的款式适用于各种场合。

猎鹰系列W长夹　褐色Ⅱ

以墨西哥瓜达卢佩圣母玛利亚为原型的银币扣突显了作品的高端大气。

猎鹰系列W长夹　褐黑双色

华丽的银币扣与褐色基调上边角的黑色装饰共同造就了这款皮夹的与众不同。

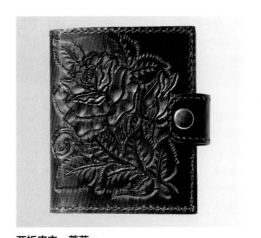

金色雕花 / 粉色雕花长夹

金色雕花的是男款，粉色雕花的是女款，均配有可拆卸皮绳。

两折皮夹　蔷薇

雕花精美、颜色漂亮的女士皮夹。

白色皮夹　雕花

精炼时尚的女士皮夹，白色的主体部分表面只点缀了一朵花。

长夹　老鹰

表面雕刻有酷炫的雄鹰图案，皮绳可拆卸。

蜂巢皮夹

卡位设计成了蜂巢结构。

贝壳包

设计成贝壳形状的零钱包。

盒式零钱包

开口大，便于取放，收纳能力超强。

盒式长夹

款式时尚，像个小型手袋，携带轻便。

皮夹

配有多个卡位，而且零钱袋为盒式设计，收纳能力强。

长夹

皮雕图案精美，内部构造简单实用。

长夹（骑士）

装配有诺贝尔牌（NOBEL）标志性的银环，色彩丰富，除了示例色，还有黑色、原色、白色和红色等颜色可选。

钻石蟒皮长夹（骑士）

用钻石蟒皮制成的机车风皮夹。

中款皮夹（常规）

小而实用的中款皮夹。

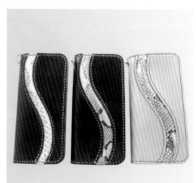

长夹（时尚）

优雅的曲线设计，中间用蟒皮装饰。

拉链皮夹

"大地之革"套系之一，简单大方。

硬币扣拉链长夹

"大地之革"套系之一，顶端用硬币扣装饰。

两折短夹

"大地之革"套系之一，小皮夹的一种。

手工皮夹作品集

亚利桑那风格的长夹

粗狂复古风格的长夹。

三折长夹

用绳子缠绕硬币扣闭合皮夹的设计新颖别致。

鳄鱼皮长夹

选用尼罗河鳄鱼皮制作而成的粗狂风格的长夹。

TITLE : *TENUIDETUKURU KAWA NO WALLET*

Copyright ©2009 STUDIO TAC CREATIVE

All rights reserved.

Original Japanese edition published by STUDIO TAC CREATIVE CO., LTD.

This Simplified Chinese language edition is published by arrangement with STUDIO TAC CREATIVE CO., LTD.

Simplified Chinese translation rights ©2017 by BEIJING SCIENCE AND TECHNOLOGY PUBLISHING CO., LTD.

著作权合同登记号　图字：01-2016-7395

图书在版编目（CIP）数据

手工皮夹基础 / （日）高桥创新出版工房编著；胡环译. — 北京：北京科学技术出版社，2017.3
ISBN 978-7-5304-8817-1

Ⅰ . ①手… Ⅱ . ①高… ②胡… Ⅲ . ①皮革制品 – 制作 Ⅳ . ① TS563.4

中国版本图书馆 CIP 数据核字（2017）第 009201 号

手工皮夹基础

作　　者：〔日〕高桥创新出版工房　　　　　译　　者：胡　环
策划编辑：李雪晖　　　　　　　　　　　　　责任编辑：樊川燕
责任印制：张　良　　　　　　　　　　　　　图文制作：天露霖文化
出 版 人：曾庆宇　　　　　　　　　　　　　出版发行：北京科学技术出版社
社　　址：北京西直门南大街 16 号　　　　　邮　　编：100035
电话传真：0086-10-66135495（总编室）　　　0086-10-66113227（发行部）
　　　　　0086-10-66161952（发行部传真）
电子信箱：bjkj@bjkjpress.com　　　　　　　网　　址：www.bkydw.cn
经　　销：新华书店　　　　　　　　　　　　印　　刷：北京印匠彩色印刷有限公司
开　　本：720mm × 1000mm　1/16　　　　　印　　张：12.25
版　　次：2017 年 3 月第 1 版　　　　　　　印　　次：2017 年 3 月第 1 次印刷
ISBN 978-7-5304-8817-1 / T·911

定价：59.00 元

京科版图书，版权所有，侵权必究。
京科版图书，印装差错，负责退换。

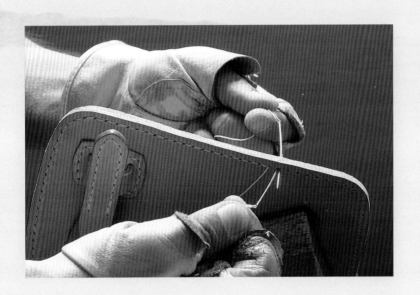